DEUTSCHE AKADEMIE DER WISSENSCHAFTEN ZU BERLIN

Veröffentlichungen des Institutes
für Bodendynamik und Erdbebenforschung in Jena

Herausgegeben vom Direktor Prof. Dr. H. Martin

Heft 67

Seismische Registrierung

der Nebenstation von Jena:

Potsdam, Halle, Plauen und Sonneberg

1957

Von

Friedrich Gerecke

und

Dorothea Güth

AKADEMIE-VERLAG · BERLIN

1960

Erschienen im Akademie-Verlag GmbH, Berlin W 1, Leipziger Str. 3—4

Lizenz-Nr. 202 · 100/746/60
Gesamtherstellung: VEB Druckerei „Thomas Müntzer" Bad Langensalza
Bestellnummer 2004/67
Preis: DM 19,—
Printed in Germany
E S 18 E 2

Vorwort

Mit Beginn des Internationalen Geophysikalischen Jahres (1. Juli 1957) werden im vorliegenden Heft 67 die Auswertungen der seismischen Registrierungen der Nebenstationen von Jena veröffentlicht. Es sind dies die Stationen Potsdam, Halle, Plauen und Sonneberg. Dabei sind wegen Personalschwierigkeiten die Registrierungen der Station Sonneberg sehr lückenhaft.

Von der Nebenstation Potsdam enthält vorliegendes Heft die Auswertung vom 1. Januar bis 31. Dezember 1957, um damit die entsprechende Reihe der Veröffentlichungen des Geodätischen Institutes in Potsdam fortzusetzen. Die noch nicht veröffentlichten Jahrgänge der Potsdamer Registrierungen (1954—1956) werden noch durch das Geodätische Institut herausgegeben.

Die Zusammenstellung des Heftes und die Bearbeitung der Seismogramme erfolgte durch die wissenschaftliche Assistentin Dipl.-Geophys. D. Güth. Die Auswertung der Registrierungen der Station Halle wurde von Fräulein Dr. habil. G. Richter durchgeführt.

H. Martin

Inhaltsverzeichnis

Vorbemerkungen
zur Auswertung der Seismogramme

Für die vorliegende Bearbeitung wurde die international eingeführte Symbolik verwendet. Es bedeutet:

P, Pn	=	Normaler longitudinaler, direkter Vorläufer,
Pg	=	Individueller, longitudinaler Vorläufer nach Mohorovičić,
PKP	=	Direkte Kernwelle in großen Herdentfernungen,
PP, PPP	=	An der Oberfläche reflektierte Wellen mit gleichbleibendem Charakter,
pP und sP	=	In der Herdnähe an der Erdoberfläche reflektierte Wellen,
S, Sn, Sg	=	Transversale Vorläufer, wie oben,
SS, SSS	=	Reflektierte Transversalwellen mit gleichbleibendem Charakter,
PcP, PcS, ScS	=	Am Kern reflektierte Wellen mit gleichbleibendem oder wechselndem Charakter,
PS oder SP	=	Wechselwellen,
L	=	Beginn der Hauptphase
G	=	Perioden größer als 40 s,
M_n	=	Maxima innerhalb der Hauptphase,
C	=	Periode der Nachläuferwellen,
F	=	Ende der Bebenregistrierung,
i	=	Scharfer Einsatz (impetus),
e	=	Auftauchen der Bewegung (emersio),
T	=	Periode der Bodenbewegung,
A	=	Amplitude in Mikron ($1\,\mu m = 1/1000$ mm), von der Nulllinie aus gerechnet,
Zeit	=	Mittlere Greenwich-Zeit, von Mitternacht zu Mitternacht gezählt,
USCGS	=	US Coast and Geodetic Survey, Washington,
BCIS	=	Bureau Central International de Séismologie.

Runde Klammern zeigen Unsicherheit in der Deutung der Phasen, Zeitangaben und Entfernung an.

D. Güth

Seismische Station Potsdam

Meereshöhe: 80 m — Länge: $\lambda = 13°4{,}1'E$

Untergrund: Sand (diluviale Ablagerungen) — Breite: $\varphi = 52°22{,}8'N$

Instrumente und Konstanten 1957

1. Halbjahr

	T_0	V	$\varepsilon : 1$	r/T_0^2
Wiechert 1000 kg NS	7.0 s	400	3.0	0.020
Wiechert 1000 kg EW	8.0 s	350	5.5	0.014
	T_s	T_g	μ^2	V_{max}
Golizyn-Wilip NS	11.0 s	11.7 s	—0.2	1000 b. 6.8 s
Golizyn-Wilip EW	11.0 s	12.0 s	+0.1	970 b. 7.0 s
Golizyn-Wilip Z	10.0 s	11.4 s	—0.2	910 b. 6.2 s

2. Halbjahr

	T_0	V	$\varepsilon : 1$	r/T_0^2
Wiechert 1000 kg NS	7.0 s	225	2.5	0.015
Wiechert 1000 kg EW	8.0 s	225	4.0	0.011
	T_s	T_g	μ^2	V_{max}
Golizyn-Wilip NS	13.6 s	11.5 s	—0.1	1100 b. 7.2 s
Golizyn-Wilip EW	11.3 s	12.0 s	+0.08	760 b. 6.7 s
Golizyn-Wilip Z	11.5 s	11.4 s	—0.2	980 b. 6.7 s
	T_0	V	$\varepsilon : 1$	
Krumbach 4 kg NS	2.2 s	670	7.0	
Krumbach 4 kg EW	2.4 s	700	4.5	
	T_s	T_g	μ^2	V_{max}
Krumbach 4 kg Z	2.0 s	2.0 s	+0.06	1150 b. 1.2 s

Die Amplitude der wahren Bodenbewegung wurde nach den Aufzeichnungen des Wiechert-1000-kg-Pendels berechnet.

Datum	Komp.	Phase	M G Z			Periode T s	Amplitude μm			Δ km	Bemerkungen
			h	m	s		A_N	A_E	A_Z		
Januar											
3. Jan.	NE	e i P	12	58	42					7700	(h=ca. 600 km)
	N	i pP	13	00	44						Herdgebiet nach USCGS: Südl. Mandschurei 44° N, 130° E
	N	i		01	21						
	E	i		01	28						
	E	i PP		01	37						
	E	e		03	(00)						
	NE	i S		07	09						
	N	i PS		07	49						
	N	e		10	42						
	N	e		13	(05)						
		M		33	00	11	60	90			
Februar											
6. Febr.	Z	e	21	04	22						
	N	i		04	31						
19. Febr.	ZNE	e	07	47	58						
	N	e i		51	17						
	ZE	e		51	33						
20. Febr.	ZNE	e P	04	44	54						
	Z	e		48	(00)						
	Z	e		49	28						
23. Febr.	ZNE	e i P	20	38	35						
	ZNE	e i pP		39	(00)						
	ZNE	e		42	03						
	N	e (S)		48	42						
	ZE	e (S)		48	47						
März											
2. März	Z	e P	00	39	27					8400	Herdgebiet nach USCGS: Jamaika
	Z	e		40	(00)						
	Z	e (PP)		42	26						
	N	e S		49	10						
	ZE	e S		49	14						
5. März	ZE	e P	12	32	35					4600	Herdgebiet nach USCGS: Mittelatlantik
	ZE	e		34	19						
	NE	e S		38	55						
	N	e		42	33						

Datum	Komp.	Phase	MGZ h	m	s	Periode T s	Amplitude μm A_N	A_E	A_Z	Δ km	Bemerkungen
8. März	ZNE	e i P	12	17	46						Herdgebiet nach BCIS:
I	ZE	e		20	49						Thessalien
	NE	e		20	55						(Griechenland)
	Z	e		22	12						
	ZE	e		22	24						
	N	e		22	28						
		M		24	30	8	80				Schreibfeder abgeworfen
8. März		M_1	12	31	00	8	>100				Dem vorhergehenden Beben
II		M_2		33	00	8	100				überlagerter Nachstoß
8. März	N	e	20	44	36						
III											
8. März	ZN	e P	23	38	50					1650	Nachstoß zum Beben am
IV	N	e		39	16						8. März 57
	N	e		39	(58)						12^h 17^m
	N	e S		41	40						
	ZE	e S		41	44						
	ZE	e		43	22						
9. März	ZN	e P	14	34	21						Herdgebiet nach USCGS:
I	NE	e		34	34						Aleuten
	NE	e		34	39						
	NE	e		44	20						
		M_1	15	08	30	25—21	700	700			
		M_2		12	00	18	400	550			
		M_3		16	30	17—15	350	350			
		M_4		22	30	17—16	450	400			
		M_5		23	30	15—16	>350	300			
9. März	NE	e P	20	50	(58)					8400	Herdgebiet nach USCGS:
II	ZN	i P		51	06						Aleuten
	E	i		51	23						
	Z	i		51	31						
	N	e S	21	00	35						
	Z	e		00	54						
	Z	e		01	41						
	ZN	e		05	(58)						
	E	e		09	31						
	N	e		10	05						

Datum	Komp.	Phase	M G Z h	m	s	Periode T s	Amplitude μm A_N	A_E	A_Z	Δ km	Bemerkungen
noch	Z	e		10	11						
9. März		M_1		25	30	16—20	40	45			
II		M_2		29	30	19—17	50	30			
		M_3		37	30	15	30				
		M_4		38	30	15		17			
11. März	Z	e P	03	18	03					8400	Nachstoß Aleuten
I	Z	e P		18	06						
	E	e S		27	44						
10. März	Z	i P	03	20	47						
II											
10. März	Z	i P	11	32	37						
III											
10. März	Z	i P	15	38	14						
IV											
11. März	Z	i P	03	24	37						
I	Z	e		25	30						
	N	e		34	50						
11. März	Z	e	09	39	18						
II											
11. März	Z	e P	10	10	(26)					8400	Nachstoß Aleuten
III	ZN	i P		10	32						
	N	e S		20	10						
	Z	e		21	09						
11. März	ZNE	e i P	15	07	13					8400	Nachstoß Aleuten
IV	Z	i		10	02						
	NE	e S		16	52						
12. März	ZN	e P	07	40	40						
I											
12. März	Z	e P	07	51	09						
II	N	i	08	00	45						
12. März	ZN	e i P	11	56	52					8400	Nachstoß Aleuten
III	NE	e S	12	06	36						

Datum	Komp.	Phase	MGZ h	MGZ m	MGZ s	Periode T s	Amplitude μm A_N	Amplitude μm A_E	Amplitude μm A_Z	Δ km	Bemerkungen
13. März	ZN	e P	15	53	57					8400	Nachstoß Aleuten
IV	NE	e S	16	03	37						
	ZNE	e S		03	39						
14. März	ZN	e P	14	59	38						
V	E	e	15	09	28						
15. März	ZN	e P	03	03	55						
I	E	e		14	08						
15. März	Z	e P	12	09	25						
II											
16. März	ZN	e P	02	46	04					8400	Nachstoß Aleuten
	ZNE	e		46	08						
	N	e		46	11						
	NE	e S		55	46						
17. März	Z	e (P)	08	05	32						
I											
17. März	Z	e P	16	29	03						
II											
17. März	Z	e P	22	56	26						
III	Z	i P		56	28						
	Z	e	23	06	17						
18. März	Z	e (P)	02	37	16						
I											
18. März	Z	e	21	34	(58)						
II											
18. März	ZN	e P	23	21	10						
III	E	e		24	08						
	ZN	e		26	18						
	Z	e		28	09						
19. März	ZN	e P	13	02	48					8500	Herdgebiet nach USCGS: Aleuten (Andreanof-Inseln)
	N	e		02	54						
	N	e S		12	34						
	E	e		15	36						
	N	e SS		17	51						

Datum	Komp.	Phase	M G Z			Periode T s	Amplitude μm			Δ km	Bemerkungen
			h	m	s		A_N	A_E	A_Z		
20. März	Z	e P	00	34	10						
22. März	ZE	e P	14	32	46						
	NE	e		42	16						
28. März	NE	e	22	34	20						
29. März I	NE	e	22	31	45						
29. März II	Z	i P	23	01	38						
April											
1. April	Z	i P	11	47	28					8500	Nachstoß Aleuten
	ZNE	e i S		57	16						
2. April I	ZN	e P	00	51	38					8500	Nachstoß Aleuten
	NE	e S	01	01	27						
2. April II	Z	e P	20	28	52						
	N	e		38	44						
2. April III	Z	e i P	21	39	51					8500	Nachstoß Aleuten
	ZNE	e i S		49	39						
4. April	Z	e P	07	04	(00)						
5. April I	Z	e P	03	01	31						
5. April II	Z	e	07	50	08						
	Z	e		54	27						
7. April	N	e	10	05	(21)						
	E	e		05	51						
8. April	Z	e P	20	31	06					9600	
	E	e S		41	37						

Datum	Komp.	Phase	MGZ h	m	s	Periode T s	Amplitude μm A_N	A_E	A_Z	Δ km	Bemerkungen
9. April I	Z	i P	00	36	28					9300	(h=ca. 450 km)
	Z	e pP		38	14						Herdgebiet nach USCGS:
	Z	e		38	56						Südlich von Hondo
	Z	e PP		39	54						(Japan)
	ZNE	e (SKS)		46	08						30½° N,
	NE	e S		46	17						138½° E
	NE	e (sS)		49	15						
	NE	e (SS)		52	(00)						
9. April II	Z	e P	11	14	05						
9. April III	Z	e P	20	35	43						
10. April I	Z	e P	03	37	(00)						
10. April II	Z	e P	05	25	10						
	ZE	e PP		28	45						
	E	e		35	19						
10. April III	Z	e P	09	21	16						
10. April IV	ZN	e P	11	41	22					7900	Herdgebiet nach USCGS:
	ZNE	i		41	29						Insel Kodiak
	ZN	e		45	51						(Aleuten)
	NE	e S		50	41						56° N, 154° W
	NE	e S		50	44						
	ZN	e		51	02						
		M_1	12	23	30	16		35			
		M_2		30	00	15		40			
14. April	ZNE	e P	07	21	30					6100	Herdgebiet nach USCGS:
	ZNE	e i P		21	33						Süd-Tibet
	Z	e		23	04						31° N, 84½° E
	Z	e (PP)		23	36						
	ZNE	e S		29	11						
	N	e S		29	18						

Datum	Komp.	Phase	MGZ			Periode T s	Amplitude μm			Δ km	Bemerkungen
			h	m	s		A_N	A_E	A_Z		
15. April I	ZN	e P	10	50	27						
15. April II	ZN	e P	21	44	55						
	Z	e		45	12						
16. April	ZE	i P	04	16	34					(10800)	(h = ca. 600 km)
	NE	e		16	38						Herdgebiet nach USCGS: Java-See 4½° S, 107½° E
	Z	e		18	40						
	Z	e		19	40						
	Z	i		20	20						
	ZE	i PP		20	36						
	N	i PP		20	40						
	Z	e		22	40						
	E	e		22	46						
	E	i		26	12						
	NE	e S		27	(00)						
	N	e		33	46						
17. April I	ZNE	e Sg	02	27	08						Vorbeben zum Beben am 17. April 57 08h 45m
	ZN	e		27	17						
	E	e		27	45						
	ZN	e		28	34						
	E	e		28	37						
	NE	e		28	40						
	E	e		29	(00)						
17. April II	Z	e	08	27	26						
	Z	e		28	12						
17. April III	ZNE	e Sg	08	45	10						Herdgebiet nach BCIS: Apenninen (Italien)
	N	i		45	21						
	E	i		45	27						
	E	i		45	40						
	E	i		45	44						
	ZN	e		46	52						
	ZN	e		48	16						
17. April IV	Z	e P	13	36	46						
19. April I	Z	i P	15	56	48						

Datum	Komp.	Phase	MGZ h	MGZ m	MGZ s	Periode T s	Amplitude μm A_N	Amplitude μm A_E	Amplitude μm A_Z	Δ km	Bemerkungen
19. April	ZE	e i P	22	31	19					8400	(h = ca. 120 km)
II	NE	e		31	21						Herdgebiet nach USCGS:
	Z	i		31	51						Aleuten
	ZE	i		31	58						(Fox-Inseln)
	E	e		32	12						52° N, 166½° W
	NE	e		34	13						
	NE	e S		41	01						
	N	e		41	28						
	E	e		41	38						
21. April	Z	e P	21	24	46						
	N	e		24	52						
	NE	e		24	56						
	ZNE	e (S)		35	(00)						
24. April	ZNE	e i P	19	14	37					2250	(h = ca. 100 km)
	N	i		14	39						Herdgebiet nach BCIS:
	N	i		14	43						Östlich der Insel
	N	e S		18	15						Rhodos
	Z	i S		18	18						36,3° N, 29,1° E
	NE	e		18	22						
	NE	i SS		18	42						
		M		22	30	6—9	30	80			
25. April	ZNE	i P	02	30	05					2250	Die gleiche Herdlage
I	NE	i PP		30	15						
	ZE	i S		33	39						
	N	i S		33	48						
		M		37	00	7	250				
25. April II	Z	e	07	27	06						
26. April	ZE	e i P	06	38	07					2250	Nachstoß zum Beben am
I	N	e (PP)		38	13						25. April 57
	ZNE	e i (PP)		38	20						02h 30m
	Z	e		41	39						
	NE	e		41	50						
	ZE	i S		41	56						
26. April II	Z	e P	15	20	11						

Datum	Komp.	Phase	M G Z			Periode T s	Amplitude μm			Δ km	Bemerkungen
			h	m	s		A_N	A_E	A_Z		
28. April I	Z	e	02	37	23						
28. April II	Z	e	02	41	24						
28. April III	Z	e	15	00	42						
29. April	Z	e	04	41	53						
Mai											
2. Mai I	Z	e	11	41	03						
2. Mai II	Z	e	11	50	41						
12. Mai	Z	e	06	59	24						
18. Mai	ZN	e	05	36	(00)						
20. Mai	Z	e (P)	20	01	(00)						
	N	e		03	(30)						
	N	e		05	25						
21. Mai I	Z	e	01	25	40						(h = ca. 100 km)
	E	e		28	57						Herdgebiet nach USCGS: Marianen-Inseln
	Z	e (PP)		29	04						
	N	e		29	28						
	NE	e(SKS)		35	38						
	N	e (S)		36	11						
	NE	e (SS)		42	41						
21. Mai II	ZN	e	11	47	34						
	E			50	23						
21. Mai III	ZN	e	13	27	56						
22. Mai	Z	e P	13	41	43						
	ZE	e		41	49						

Potsdam 1957

Datum	Komp.	Phase	MGZ h	m	s	Periode T s	Amplitude μm A_N	A_E	A_Z	Δ km	Bemerkungen
24. Mai	N	e P	02	50	31						
	E	e	03	00	53						
25. Mai	NE	e	16	27	09						
		M		27	30	6	4	6			
26. Mai	NE	i P	06	37	31					1900	Herdgebiet nach BCIS: Nordwestl. Türkei 40,7° N, 31,2° E
I	NE	ei S		40	47						
		M_1		44	30	9	150				
		M_2		46	30	12—11	>350	>450			
		M_3		47	00	11	>300	>400			
		M_4		48	30	10	>200	>350			
		M_5		51	00	13—10	400	200			
26. Mai	E	e P	08	58	44						
II	E	e	09	02	03						
26. Mai	NE	e P	09	40	36					1900	
III	N	e S		43	47						
	E	e L		45	00						
		M		48	00	12		50			
27. Mai	E	e P	11	05	29					1900	
	NE	e S		08	40						
	E	e L		10	00						
		M		14	00	10	13	13			
29. Mai	ZNE	e P	18	43	12					1900	
		e S		46	20						
30. Mai	ZN	e	00	38	42						
31. Mai	Z	e P	22	10	30					10000	(h = ca. 100 km) Herdgebiet nach USCGS: Nähe der Küste von Columbien
I	NE	e S		21	04						
31. Mai	Z	e P	22	29	03						
II	N	e S		38,8							
Juni											
1. Juni	ZNE	e P	05	30	50					2000	
I	E	e S		34	09						

Datum	Komp.	Phase	M G Z			Periode T s	Amplitude μm			Δ km	Bemerkungen
			h	m	s		A_N	A_E	A_Z		
1. Juni II	Z	e P	21	12	11					1950	
	NE	e P		12	14						
	N	e S		15	30						
2. Juni	ZNE	e P	01	15	56						
4. Juni	Z	e	17	23	40						
5. Juni	ZE	e	07	22	18						
	Z	e		27	(09)						
10. Juni	Z	e P	01	14	19					(11800)	
	NE	ei SKS		24	44						
	N	e S		25	56						
11. Juni I	ZE	e	05	05	07						
	ZE	e		07	54						
11. Juni II	Z	e	15	09	36						
11. Juni III	ZNE	ei P	19	02	11					9600	Herdgebiet nach USCGS: Philippinen
	NE	e P		02	14						
	NE	e SKS		12	33						
	Z	e		12	39						
		M		37	00	23—24	60	50			
12. Juni	Z	e P	08	40	28					8500	
	NE	e S		50	16						
13. Juni	ZNE	e P	10	52	31					8500	Herdgebiet nach USCGS: Aleuten
	Z	i P		52	33						
	NE	i S	11	02	16						
	N	e SS		07	36						
18. Juni I	ZE	e P	02	23	54						
	ZNE	e		33	30						
18. Juni II	ZE	e P	15	00	(00)					8300	
	Z	e		02	47						
	ZNE	e S		09	37						

Datum	Komp.	Phase	M G Z			Periode T s	Amplitude μm			Δ km	Bemerkungen
			h	m	s		A_N	A_E	A_Z		
18. Juni III	Z	e	18	15	55						
19. Juni I	Z	e	01	49	(39)						
19. Juni II	Z	e	08	21	22						
21. Juni	Z	e	18	49	50						
22. Juni I	ZNE	ei P	06	31	57					9800	Herdgebiet nach USCGS: Mexiko 16° N, 94° W
	ZE	e		35	16						
	NE	i SKS		42	16						
	ZNE	ei S		42	34						
22. Juni II	Z	e P	24	05	06						Herdgebiet nach USCGS: Neu-Guinea
	E	e		09	21						
	ZE	e		09	45						
		M_1		48	30	25	55	45			
		M_2		51	00	18	70	80			
		M_3		53	00	23		100			
		M_4		56	30	20	35	70			
		M_5		58	30	19	70	30			
		M_6		59	30	18	35	45			
23. Juni	ZN	e P	03	38	(00)						
Juli											
1. Juli	E	i P	19	41	02					7200	(h = ca. 100 km)
	E	i		41	06						Herdgebiet nach USCGS: Grenzgebiet Indien-Burma 25° N, 94° E
	E	e		41	24						
	E	e		45	21						
	NE	e S		49	42						
	N	e		50	16						
2. Juli	NE	ei P	00	48	54					3600	Herdgebiet nach USCGS: Nord-Iran 36° N, 53° E
	E	i		49	04						
	E	i PP		49	49						
	NE	ei S		54	12						
		M_1	01	03	30	8	25	25			
		M_2		08	00	8		40			

Datum	Komp.	Phase	M G Z			Periode T s	Amplitude μm			Δ km	Bemerkungen
			h	m	s		A_N	A_E	A_Z		
5. Juli	Z	e P	15	41	(41)					(6100)	
	N	e S		49	23						
7. Juli I	ZE	e P	06	03	56						
	N	e		05	35						
	N	e		08	11						
7. Juli II	Z	e	16	30	19						
8. Juli	Z	e	15	43	(07)						
10. Juli I	E	e P	09	17	00					9800	
	N	e		17	07						
	E	e S		27	37						
10. Juli II	E	e	23	42	28						
13. Juli	Z	e P	01	11	31						
	N	e		21,4							
14. Juli I	ZNE	ei PKP	06	43	29						
	N	e		46	54						
	ZE	e		47	20						
	NE	e		47	29						
	E	e		48	21						
14. Juli II	Z	e PKP	08	30	44					17500	Herdgebiet nach USCGS: Kermadec-Inseln
	N	e PKP		30	48						
	N	e		31	03						
	E	e		31	21						
	ZN	e PP		34	46						
14. Juli III	Z	e	10	02	13						
	Z	e		02	26						
17. Juli	Z	e PKP	11	29	28						
	Z	e		29	56						
	ZNE	e		31	55						
	NE	ei		32	59						

Datum	Komp.	Phase	M G Z			Periode T s	Amplitude μm			Δ km	Bemerkungen
			h	m	s		A_N	A_E	A_Z		
20. Juli I	Z	e	14	20	06						
20. Juli II	ZE	e	15	58	33						
	ZE	e		58	49						
22. Juli	Z	e	06	36	(58)						
23. Juli	ZE	e P	00	57	02						
	E	e		57	25						
	E	e	01	07	45						
24. Juli I	Z	e	02	16	34						
	E	e		26	08						
24. Juli II	Z	e	11	22	10						
	N	e		26	(00)						
25. Juli	Z	e P	07	54	17						
28. Juli	Z	e P	08	53	03					ca. 10000	Herdgebiet nach USCGS: Mexiko (Guerrero) 17° N, 99° W
	ZE	ei		53	14						
	N	e		53	18						
	NE	e		53	21						
	ZE	ei		53	28						
	Z	i		54	55						
	E	e		55	41						
	Z	i		55	48						
	N	i PP		56	48						
	N	i		56	55						
	N	e		57	20						
	E	e S	09	03	54						
	E	e (PS)		05	19						
	N	e		05	27						
	E	e SS		10	16						
		M_1		29	00	24		230			
		M_2		31	30	26—23	300	250			
		M_3		34	00	24—21	150	150			
		M_4		37	30	19	120	170			

Datum	Komp.	Phase	MGZ h	m	s	Periode T s	Amplitude μm A_N	A_E	A_Z	Δ km	Bemerkungen
29. Juli	Z	e P	17	29	28					ca. 11500	Herdgebiet nach USCGS: Chilenische Küste
	Z	e		32	30						
	ZE	e PP		33	42						
	N	e PP		33	49						
	ZNE	e		40	07						
	ZNE	e		42	57						
August											
4. Aug. I	Z	e (PP)	06	23	09						
	NE	e (S)		30	57						
4. Aug. II	ZE	e	14	32	52						
4. Aug. III	N	e	21	33	24						
	NE	e		35	46						
7. Aug.	Z	e	19	59	28						
	Z	e		59	32						
	Z	e		59	35						
8. Aug. I	Z	e P	01	17	19					2400	
	NE	e S		21	14						
8. Aug. II	Z	e (P)	22	43	45					(6900)	
	N	e S		52	07						
9. Aug.	Z	e	02	48	41						
	E	e		48	(47)						
	N	e	03	04	33						
10. Aug.	Z	e P	00	13	15						
11. Aug.	Z	e	21	57	46						
14. Aug. I	Z	e P	02	49	02						
14. Aug. II	Z	e	18	46	18						

Datum	Komp.	Phase	MGZ h	MGZ m	MGZ s	Periode T s	Amplitude μm A_N	A_E	A_Z	Δ km	Bemerkungen
16. Aug.	Z	e P	23	45	30					10800	Herdgebiet nach USCGS: Pazifik 10½° N, 104° W
	ZE	e PP		49	29						
	Z	e		50	19						
	Z	e		54	19						
	E	e		54	(32)						
	N	e		57	(00)						
	Z	e (PS)		58	13						
	ZNE	e (SS)	24	03	40						
18. Aug. I	Z	e P	08	50	13						
	NE	e (SKS)	09	00	46						
	N	e		01	23						
18. Aug. II	ZNE	e P	21	54	04					8100	Herdgebiet nach USCGS: Nördl. Kurilen
	Z	e		54	55						
	Z	e		55	23						
	NE	e S	22	03	28						
	N	e		04	26						
19. Aug. I	Z	e	11	56	06						
	N	e		57	16						
19. Aug. II	Z	e P	21	43	48						
	N	e		53	37						
20. Aug. I	Z	e	06	48	36						
	Z	e		49	(12)						
20. Aug. II	Z	e P	15	28	50						
	Z	e		29	38						
26. Aug.	NE	e	14	23	23						
27. Aug.	NE	e	11	58	44						Herdgebiet nach BCIS: Gegend von Bologna (Italien)
	E	e (Sg)		58	59						
	ZE	e (Sg)		59	06						
	ZN	e		59	10						
	NE	e		59	29						
29. Aug.	N	e	03	48	32						
	NE	e		48	34						
	ZNE	e		48	37						

Datum	Komp.	Phase	M G Z h	m	s	Periode T s	Amplitude μm A_N	A_E	A_Z	Δ km	Bemerkungen
30. Aug.	Z	e P	16	25	54						
	ZE	e		27	40						
	E	e		27	45						
	Z	e		35	39						
	E	e		41	21						
September											
21. Sept.	ZE	e P	20	21	10					2100	Herdgebiet nach BCIS: Nördl. Türkei
	NE	e		21	17						
	ZN	e		21	19						
	E	e		21	40						
	Z	e		21	47						
	ZNE	e S		24	42						
24. Sept.	Z	e P	08	34	54					11200	Herdgebiet nach USCGS: Südküste von Mindanao (Philippinen) 5½° N, 127½° E
	NE	e		35	00						
	N	e		35	15						
	N	e		35	19						
	N	e		37	35						
	N	e		37	44						
	E	e		38	27						
	E	e		38	41						
	ZNE	e PP		39	02						
	ZNE	e		39	14						
	E	e		39	21						
	E	e		39	28						
	N	e		39	38						
	E	e		41	20						
	E	e		41	55						
	E	e		46	05						
	NE	e		46	10						
	N	e S		46	26						
	E	e		47	09						
		MG	09	11	00	45	220	240			
		M_1		17	30	20—18	200	60			
		M_2		19	00	18—16	120	70			
		M_3		22	00	20	130	160			
		M_4		24	30	19	250	300			
		M_5		29	00	17		90			
25. Sept.	Z	e	05	58	47						
	ZNE	e (S)	06	04	(58)						
	N	e		08	11						

Datum	Komp.	Phase	M G Z			Periode T s	Amplitude μm			Δ km	Bemerkungen
			h	m	s		A_N	A_E	A_Z		
27. Sept.	Z	e	04	27	03						
	Z	e		27	12						
28. Sept. I	NE	e (S)	00	48	59						
28. Sept. II	Z	ei PKP	14	38	37					16600	(h = ca. 650 km) Herdgebiet nach USCGS: Fidschi-Inseln 20½° S, 178° W
	ZNE	i		38	43						
	Z	i		38	58						
	Z	i		40	02						
	ZE	i		40	20						
	Z	i pPKP		40	56						
	Z	i (PP)		41	54						
	ZE	ei		42	15						
	E	e		42	39						
	Z	i		42	43						
	Z	i		42	57						
	Z	i		45	14						
	N	e		52	16						
	NE	ei SS	15	00	22						
29. Sept.	Z	e PKP	08	32	07						
	Z	i		32	14						
	NE	e		32	17						
	ZE	e		32	24						
	ZN	e		34	26						
	ZN	e		34	38						
Oktober											
2. Okt. I	Z	e	12	39	25						
	ZN	e		39	30						
	E	e		48	48						
2. Okt. II	N	e	21	10	27						
	N	e		10	37						
4. Okt.	ZNE	ei P	05	37	36					8100	(h = ca. 60 km) Herdgebiet nach USCGS: Venezuela
	ZNE	e S		47	03						
	N	e		47	36						
	E	e		47	58						
5. Okt.	ZN	e (PP)	11	41	29						
	Z	e		45	11						
	E	e		45	33						

Datum	Komp.	Phase	M G Z h	m	s	Periode T s	Amplitude μm A_N	A_E	A_Z	Δ km	Bemerkungen
7. Okt.	Z	e P	13	31	18						
8. Okt.	ZN	e	07	04	20						
	E	e		04	25						
	N	e		04	34						
	E	e		07	17						
13. Okt.	Z	e P	04	30	44						
18. Okt.	Z	e P	01	54	33					1800	
	E	e S		57	35						
19. Okt. I	ZNE	e P	18	41	14					9100	Herdgebiet nach USCGS: Ostküste von Formosa 23½° N, 122° E
	Z	e		44	19						
	E	e PP		44	35						
	N	e S		51	25						
	E	e		51	43						
19. Okt. II	ZNE	ei P	21	53	30					8400	(h = ca. 150 km) Herdgebiet nach USCGS: Nordostküste von Hokkaido.
	N	e		54	08						
	ZNE	ei S	22	02	57						
	Z	e		03	36						
20. Okt.	Z	e	12	14	38						
24. Okt.	Z	e	02	37	09						
	Z	e		52	48						
26. Okt.	Z	e	14	30	43						
	Z	e		34	50						
27. Okt.	Z	e	22	43	36						
30. Okt. I	Z	e P	01	47	39						
	E	e		52	23						
30. Okt. II	Z	e P	07	34	54						
	ZN	e		34	57						
	NE	e		35	02						
	ZN	e		35	27						
	N	e		38	47						
31. Okt.	Z	e P	10	20	55						

Datum	Komp.	Phase	MGZ h	MGZ m	MGZ s	Periode T s	Amplitude μm A_N	Amplitude μm A_E	Amplitude μm A_Z	Δ km	Bemerkungen
November											
10. Nov.	Z	e P	19	32	30						
	Z	e		35	35						
11. Nov.	N	e	21	44	30						
	NE	e		44	35						
	ZN	e		44	38						
13. Nov	Z	e	17	42	40						
	Z	e		47	22						
17. Nov.	Z	e	06	08	42						
19. Nov	Z	e	16	25	02						
20. Nov.	Z	e P	12	52	09						
25. Nov.	Z	e	22	52	55						
26. Nov. I	Z	e	05	28	(00)						
26. Nov. II	Z	e	08	19	(05)						
26. Nov. III	Z	e	11	47	38						
27. Nov.	Z	e	03	11	43						
	Z	e		15	(00)						
29. Nov. I	Z	e P	22	33	12					(9300)	(h = ca. 200 km)
	ZNE	e i P		33	17						Herdgebiet nach USCGS: Südl. Bolivien 21° S, 66° W
	Z	e		33	29						
	ZNE	e i pP		34	10						
	ZNE	e i		37	12						
	ZNE	e i		38	12						
	NE	e i (SKS)		43	29						
	ZNE	e		43	38						
	NE	e i		44	30						
	E	e		45	23						

Datum	Komp.	Phase	MGZ h	m	s	Periode T s	Amplitude μm A_N	A_E	A_Z	Δ km	Bemerkungen
noch	Z	i		45	54						
29. Nov.	N	e		51	16						
I		M_1	23	14	00	21		70			
		M_2		17	30	18—21	50	70			
		M_3		23	00	17	20				
29. Nov. II	Z	e	22	49	59						Dem vorhergehenden Beben überlagert
30. Nov. I	Z	e	02	10	39						
30. Nov. II	Z	e	22	06	(00)						
Dezember											
1. Dez.	Z	e	01	20	46						
4. Dez.	ZNE	e P	03	47	15					6100	Herdgebiet nach USCGS: Mongolei 45¼° N, 99¼° E
I	ZNE	e i P		47	19						
	Z	i		47	28						
	NE	i S		55	02						
	N	e (SS)		59	24						
	E	e		59	48						
		M_1	04	03	00	7	130				
		M_2		04	30	7—8	180	180			
		M_3		05	30	7—8	180	180			04h 06m Schreibfedern abgeworfen
4. Dez. II	Z	e P	13	29	45						
5. Dez.	ZN	e P	14	09	14						
	ZN	e		09	37						
13. Dez. I	Z	i P	01	44	28						
13. Dez.	ZNE	e i P	01	51	16					3300	Herdgebiet nach BCIS: Iran 34,5° N, 47,5° E
II	N	e PP		52	11						
	E	e		52	19						
	N	e		54	23						

Datum	Komp.	Phase	MGZ h	MGZ m	MGZ s	Periode T s	Amplitude μm A_N	Amplitude μm A_E	Amplitude μm A_Z	Δ km	Bemerkungen
noch	N	e		54	33						
13. Dez.	N	e		56	03						
II	N	e S		56	17						
	NE	e		56	30						
		M_1	02	07	00	9—10	50	40			
		M_2		08	00	10	60	60			
		M_3		10	30	9		40			
17. Dez.	Z	e P	05	21	35						
I	Z	e		21	50						
		M	06	01	00	13	40				
17. Dez.	ZNE	e i PKP	14	09	28						(h = ca. 100 km)
II	Z	e		12	(00)						Herdgebiet nach
	ZN	e i		12	04						USCGS:
	N	e		12	35						Gegend der
	N	e		13	01						Santa-Cruz-
	N	e		14	25						Inseln
	N	e		26	07						
23. Dez.	Z	e P	12	41	26						
	NE	e		47	30						
	N	e L		51.5							
31. Dez.	Z	e PKP	14	48	16					18000	
	Z	e PP		52	45						

Seismische Station Halle

Meereshöhe: 92,4 m — Länge: $\lambda = 11° 57'$ E

Untergrund: Porphyr — Breite: $\varphi = 51° 30'$ N

Instrumente

Benioff 50 kg Z	$T_s = 0.45$ s	$T_g = 1{,}3$ s	$V_{max} = 10000$
Krumbach 4 kg NS	$T_0 = 2.0$ s	$\varepsilon:1 = 4.0$	$V = 1800$
Krumbach 4 kg EW	$T_0 = 2.0$ s	$\varepsilon:1 = 4.0$	$V = 1800$
Krumbach 4 kg NS	$T_0 = 7.0$ s	$\varepsilon:1 = 6.0$	$V = 150$
Krumbach 4 kg EW	$T_0 = 7.0$ s	$\varepsilon:1 = 5.0$	$V = 150$

Datum	Komp.	Phase	MGZ h	MGZ m	MGZ s	Periode T s	Amplitude μm A_N	A_E	A_Z	Δ km	Bemerkungen
Juli											
1. Juli I	Z	i	02	42	14						
1. Juli II	Z	i P	19	41	06						
	Z	i		41	38						
	Z	i		43	31						
	N	i		44	04						
	E	i		45	18						
	E	i (S)		49	52						
	N	i		50	23						
	N	e		57.4							
		M L	20	09.0		12					
1. Juli III	Z	i	23	49	52						
	Z	i		49	57						
	Z	i		50	04						
2. Juli	Z	i P	00	48	57					3600	**Herdgebiet nach USCGS: Nord-Iran 36° N, 53° E**
	N	i P		49	00						
	Z	i PcP		51	55						
	E	i S		54	18						
	E	i		54	53						
	E	i PcS		55	30						
	E	e SS		56	49						
		M L	01	05.0		25					
3. Juli I	Z	e	06	21	22						
	Z	i		21	33						
	Z	e		22	41						
3. Juli II	Z	i P	12	36	42						
	Z	i		36	46						
	N	e		46	38						
5. Juli	Z	i	15	41	41						
	Z	i		42	23						
	Z	i		42	44						
	Z	i		43	00						
	Z	i		43	31						

Datum	Komp.	Phase	M G Z			Periode T s	Amplitude μm			Δ km	Bemerkungen
			h	m	s		A_N	A_E	A_Z		
6. Juli	Z	i	11	53	20						
	Z	i		53	37						
	Z	i		53	45						
7. Juli I	Z	i P	06	04	00						
	Z	i		04	34						
	E	e S		08	19						
	E	e		13.4							
7. Juli II	Z	e	14	43	02						
	Z	i		43	39						
	Z	i		44	18						
7. Juli III	Z	i PKP	16	30	22						
	Z	i		30	32						
	Z	e		32	48						
	Z	i		34	50						
7. Juli IV	E	e	16	53	15						
	E	e		54	21						
	E	e		59	37						
	E	i	17	01	40						
	E	e		03	50						
	E	e		06	18						
	E	i		07	20						
	E	e		13	08						
8. Juli I	Z	i	00	44	15						
	Z	i		44	38						
8. Juli II	N	e	15	33	13						
9. Juli	Z	i	20	40	02						
	Z	i		40	07						
10. Juli	E	e	09	16	56						
	E	e		20	22						
	E	e		27	27						
13. Juli I	Z	i P	01	11	23						
	Z	i		11	45						
	N	e		21.6							

Datum	Komp.	Phase	MGZ h	m	s	Periode T s	Amplitude μm A_N	A_E	A_Z	Δ km	Bemerkungen
13. Juli II	Z	e	03	37	26						
	Z	e		38	24						
	Z	e		39	43						
	Z	i		40	11						
	E	e		40	53						
14. Juli I	Z	i	02	38	47						
	Z	e		39	25						
14. Juli II	Z	i Pg	06	12	30					195	Herdgebiet nach BCIS: Böhmen, ČSR
	Z	i		12	38						
	Z	i Sg		12	51						
	E	i		12	53						
14. Juli III	Z	i PKP	06	43	30						
	Z	i		43	39						
	Z	i		43	54						
	Z	i P		47	28						
	Z	i		47	49						
	N	e		55	36						
	N	e		57	46						
14. Juli IV	Z	i	08	31	17						
	N	e		41	44						
		e L	09	30.0							
14. Juli V	Z	i P	10	02	17						
	Z	i		02	58						
	Z	e		03	49						
15. Juli	Z	i	09	43	11						
	Z	e		47	43						
	N	e		48	04						
17. Juli	Z	e PKP	11	29	28						
	Z	e		32	01						
	Z	e		32	36						
	N	i		33	04						
18. Juli	Z	i	15	06	04						
	Z	i		06	18						
	Z	i		06	25						
	N	i		06	33						

Datum	Komp.	Phase	M G Z			Periode T s	Amplitude μm			Δ km	Bemerkungen
			h	m	s		A_N	A_E	A_Z		
19. Juli	Z	i P	13	14	30						
	Z	i		15	02						
	Z	i		15	32						
20. Juli	Z	i	14	20	12						
I	Z	i		20	38						
20. Juli	Z	e PKP	15	58	35						
II	Z	i		58	37						
	Z	i		58	52						
	Z	i		59	10						
	Z	i		59	31						
22. Juli	Z	i PKP	06	36	58						
I	Z	i		37	39						
	Z	i		37	57						
	E	i		38	14						
	E	i		38	19						
22. Juli	Z	i	18	50	46						seismisch?
II	Z	i		51	13						
	Z	i		51	23						
22. Juli	Z	i	22	36	21						
III	Z	i		36	24						
	Z	i		36	38						
	Z	i		36	41						
	E	i		36	44						
	Z	i		36	48						
23. Juli	Z	i P	00	57	07						
	Z	i		57	25						
	Z	i		58	01						
	Z	i		58	31						
	E	e	01	06	38						
24. Juli	E	i	09	41	31						
	Z	i		41	44						
	E	i		41	45						
25. Juli	Z	i	07	54	23						
I	Z	i		54	43						

Datum	Komp.	Phase	MGZ h	MGZ m	MGZ s	Periode T s	Amplitude μm A_N	A_E	A_Z	Δ km	Bemerkungen
25. Juli	Z	i	09	48	24						
II	Z	i		48	35						
28. Juli	Z	i P	08	53	04					9900	Herdgebiet nach USCGS: Mexiko 7° N, 99° W
	Z	i		53	16						
	Z	i		54	04						
	Z	i		54	15						
	Z	i PP		56	50						
	Z	i		57	50						
	E	e	09	03	46						
	E	e		04	12						
	E	e PPS		05	33						
	E	i SS		10	21						
		e L		11.0							
		M L		32.0		22					
August											
1. Aug.	Z	i	16	30	42						
	Z	i		31	18						
	Z	e		31	33						
3. Aug.	Z	i	13	21	01						
	Z	i		21	11						
	E	i		21	14						
4. Aug.	Z	i	16	24	03						
I	Z	i		24	10						
	Z	i		24	14						
	E	i		24	17						
4. Aug.	N	e	21	26	14						
II	N	e		26	40						
	N	e		33	23						
	N	e (S)		35	44						
	N	e L	22	01.5							
		M		12.5		15					
5. Aug.	Z	e	04	49	29						
I	Z	e		49	45						
5. Aug.	Z	i	22	09	46						
II	Z	i		09	49						

Datum	Komp.	Phase	M G Z			Periode T s	Amplitude μm			Δ km	Bemerkungen
			h	m	s		A_N	A_E	A_Z		
noch	Z	i		09	53						
5. Aug.	Z	i		10	11						
II	Z	i		10	15						
	Z	i		10	25						
	Z	i		10	33						
	N	i		10	35						
	E	i		10	40						
	E	i		10	43						
	Z	i		10	45						
7. Aug.	Z	i	19	59	31						
	Z	i		59	36						
	Z	e	20	01	40						
8. Aug.	Z	i	01	16	44						
I	Z	i		17	18						
	Z	i		17	19						
	E	e		21	10						
8. Aug.	Z	i	22	42	53						
II	Z	i		43	37						
11. Aug.	Z	e PKP	21	57	35						
	Z	i		57	41						
	Z	i		57	46						
	Z	i	22	00	23						
	E	e		01	23						
	E	e		10	47						
14. Aug.	Z	i	17	25	53						
	Z	i		25	56						
15. Aug.	Z	e	23	45	35						
	Z	e		48	53						
	Z	e		49	06						
	Z	e		49	25						
	Z	e		52	00						
	Z	e		53	12						
	E	e		56	14						
	E	e		57	55						
	E	e S		58	20						

Datum	Komp.	Phase	MGZ h	MGZ m	MGZ s	Periode T s	Amplitude μm A_N	A_E	A_Z	Δ km	Bemerkungen
noch	E	e	24	03	48						
15. Aug.	E	e L		23	30						
		M		36.7		15					
16. Aug.	Z	i	19	33	49						
I	Z	i		33	56						
16. Aug.	Z	i	23	45	49						
II	Z	i		49	07						
	Z	e		52	03						
	E	e		53	21						
	E	e		54	30						
	E	e		58	20						
	E	e	24	03	43						
	E	e L		23.5							
		M		29.5		18					
18. Aug.	Z	i	08	53	39						
I	Z	e		53	50						
	Z	i		54	02						
	Z	e		54	15						
	E	e (S)	09	00	57						
	E	e (PS)		01	21						
	E	e L		27.9							
		M		29.0		20					
18. Aug.	Z	i	21	32	38						
II	Z	i		32	46						
18. Aug.	Z	e P	21	54	06						Herdgebiet nach USCGS: Nördl. Kurilen 50° N, 157° E
III	Z	i		54	10						
	Z	i		54	12						
	Z	i		54	55						
	Z	i		55	54						
	Z	e (PP)		56	33						
	Z	i (PPP)		58	20						
	E	i PS	22	03	39						
	E	e		17	20						
	E	i		19	18						
	E	e		21	37						
	E	e L		23.0							
		M		31.3		17					

Datum	Komp.	Phase	MGZ h	MGZ m	MGZ s	Periode T s	Amplitude μm A_N	Amplitude μm A_E	Amplitude μm A_Z	Δ km	Bemerkungen
19. Aug.	Z	i P	21	43	54						
	Z	i		44	09						
	Z	i		44	19						
	Z	i		44	28						
	N	e (S)		53	46						
20. Aug.	Z	i PKP	23	17	14						
	Z	i		17	23						
	Z	i		17	34						
21. Aug.	Z	i	19	43	05						
26. Aug.	Z	i	11	53	57						
I	E	e		18.3							
	E	e L	12	19.0							
		M		27.0		17					
26. Aug.	Z	i P	14	12	04						
II	Z	i		12	51						
	E	e (S)		22	36						
	E	e		23	18						
	E	e		24	21						
	E	e L		45.8							
		M		51.0		20					
27. Aug.	Z	e	11	56	41						
	Z	i		57	32						
	E	e		57	42						
	E	e		57	59						
	E	i		58	32						
	E	i		58	40						
28. Aug.	E	i	13	30	47						
	E	i		31	09						
	E	i		31	14						
29. Aug.	E	i (Pg)	03	46	55					ca. 400	Herdgebiet nach BCIS: Schwäbische Alb 48° 14′ N, 9° 00′ E
	E	i		47	13						
	E	i		47	20						
	E	i Sg		47	42						
	E	i		47	55						
	E	M		48.0							

Datum	Komp.	Phase	MGZ h	m	s	Periode T s	Amplitude μm A_N	A_E	A_Z	Δ km	Bemerkungen
30. Aug.	Z	i	16	25	57						
	Z	e		26	06						
	Z	i		27	36						
31. Aug.	N	e	12	27	41						
I	N	e		29	27						
	N	e		30	43						
	N	e		31	55						
	N	e		35	11						
31. Aug.	Z	i	19	51	37						
II	Z	i		51	41						
	Z	i		51	44						
September											
1. Sept.	Z	i P	12	58	07					5000	Herdgebiet nach USCGS: China
I	Z	i		58	10						
	Z	i		58	22						
	Z	i		59	08						
	Z	i PP		59	49						
	Z	i PPP	13	00	25						
	Z	e		02	19						
	N	e S		04	46						
1. Sept.	Z	i	24	17	50						
II	Z	i		17	59						
2. Sept.	Z	i	03	46	49						
I	Z	i		46	57						
2. Sept.	Z	i	05	28	51						
II	Z	i		29	31						
2. Sept.	Z	i	10	06.0							
III	E	e		12	51						
	N	e		13	20						
2. Sept.	Z	i P	14	32	09					8600	Herdgebiet nach USCGS: Aleuten
IV	Z	i PcP		32	28						
	Z	i		32	36						
	Z	i		33	39						

Datum	Komp.	Phase	M G Z h	m	s	Periode T s	Amplitude μm A_N	A_E	A_Z	Δ km	Bemerkungen
noch	Z	i PP		35	03						
2. Sept.	N	i S		42	01						
IV	N	e		43.7							
	N	e		46.2							
2. Sept.	Z	i P	21	35	23					4800	(h = ca. 200 km)
V	Z	i pP		36	13						Herdgebiet nach USCGS: Hindukusch 37° N, 71° E
	Z	i		36	38						
	Z	i PP		37	11						
	Z	i		37	26						
	Z	i		37	43						
	Z	i s PP		38	26						
	N	e SS		44	52						
	E	e ScS		45.2							
	Z	e		46	12						
	Z	e		48	22						
	E	e		49.3							
	N	e		50	25						
3. Sept.	Z	i	17	41	03						
	Z	i		41	09						
	Z	i		41	12						
	Z	i (Sg)		41	17						
4. Sept.	Z	i	19	23	39						
	Z	i		23	44						
	Z	i (Sg)		23	48						
5. Sept.	Z	i P	11	43	28					4300	Herdgebiet nach USCGS: Süd-Persien
I	Z	i		43	32						
	Z	i		44	35						
	Z	i PP		45	12						
	E	e S		49	22						
	E	e		49	31						
5. Sept.	Z	i	13	21	00						
II	E	i		21	04						
	E	i		21	08						
6. Sept.	Z	i P	05	06	38					8800	Herdgebiet nach USCGS: Aleuten
I	Z	i		06	52						

Datum	Komp.	Phase	MGZ h	MGZ m	MGZ s	Periode T s	Amplitude μm A_N	A_E	A_Z	Δ km	Bemerkungen
noch	Z	PP		09	51						
6. Sept.	E	e S		16	32						
I	E	e		18	39						
6. Sept.	Z	e	20	28.5							
II	Z	i		30	41						
	Z	i		30	55						
	E	e		31	12						
7. Sept.	Z	i	01	22	37						
I	Z	i		22	45						
7. Sept.	Z	i P	07	00	13						
II	Z	i		00	19						
	Z	i		00	47						
7. Sept.	Z	i P	10	18	47					8700	Herdgebiet nach USCGS: Aleuten
III	Z	i		19	13						
	Z	i		21	37						
	E	e (PS)		29	19						
11. Sept.	Z	i	23	41	47						
12. Sept.	Z	i P	00	40	19					9000	Herdgebiet nach USCGS: Nördl. von Honduras
	Z	i		40	32						
	Z	i		41	03						
	Z	i PP		43	29						
	Z	i		43	39						
	N	e		50	28						
	E	e		51	18						
15. Sept.	Z	i P	22	19	23						
	Z	i		19	44						
20. Sept.	Z	i	17	36	24						
	Z	i		36	28						
21. Sept.	Z	e P	20	21	11					2100	Herdgebiet nach BCIS: Nördl. Türkei 40¾° N, 34¾° E
	Z	i		21	15						
	Z	i		21	19						
	Z	i PP		21	42						

Datum	Komp.	Phase	M G Z h	m	s	Periode T s	Amplitude μm A_N	A_E	A_Z	Δ km	Bemerkungen
noch	Z	i		22	22						
21. Sept.	Z	i		24	35						
	E	e S		24	44						
	N	i		26	28						
	E	e		28	15						
	N	e		28	44						
	N	e		30	51						
22. Sept.	Z	i	03	11	37						
	Z	i		11	40						
	Z	i		11	43						
	Z	i		11	46						
23. Sept.	Z	e Pg	11	21	10					ca. 400	Herdgebiet nach BCIS: Schwäbische Alb 48° 17′ N, 8° 53′ E
	Z	e		21	15						
	Z	i		21	27						
	N	i		21	33						
	N	i		21	42						
	N	i		21	52						
	N	i Sg		22	03						
	N	i		22	05						
	N	i		22	13						
24. Sept.	Z	i P	08	35	01					11300	Herdgebiet nach USCGS: Philippinen 5½° N, 127½° E
	Z	i		35	11						
	Z	i		35	56						
	Z	i		38	08						
	Z	i		38	23						
	Z	i		38	39						
	Z	i PP		39	26						
	Z	i		40	09						
	Z	i		41	09						
	N	i		45	41						
	N	i S		46	38						
	N	i		46	50						
	N	i PPS		47	07						
	N	i SS		50	54						
	E	e	09	03	06						
	E	i		08	48						
	E	e L		09.7							
		M L		24.3		23					

Datum	Komp.	Phase	MGZ h	m	s	Periode T s	Amplitude μm A_N	A_E	A_Z	Δ km	Bemerkungen
25. Sept.	Z	e	05	58	37						
I	Z	i		58	48						
	Z	i		59	35						
25. Sept.	Z	i	16	50	30						
II	Z	i		50	40						
27. Sept.	Z	i	04	27	09						
I	Z	e		33	28						
	Z	e		35	40						
	Z	i		36	13						
	Z	i		36	21						
	E	e L	05	09.0							
		M L		20.3		12					
27. Sept.	Z	i	05	09	30						
II	Z	i		09	45						
	Z	e		19	18						
28. Sept.	Z	i P	00	39	18					9500	(h = ca. 450 km)
I	Z	i		39	58						Herdgebiet nach USCGS: Südl. von Hondo
	Z	i pP		41	07						
	Z	e		42	20						
	N	e S		49	07						
	N	e		49	39						
	N	e SP		50	21						
28. Sept.	N	e PKP	14	38	38					16500	(h = ca. 650 km)
II	N	i		38	44						Herdgebiet nach USCGS: Fidschi-Inseln 20½° S, 178° W
	N	i		38	48						
	N	i		39	21						
	N	i		40	58						
	N	i		41	31						
	N	i		51	46						
	N	i		52	13						
	N	i		52	35						
	N	i		55	33						
	N	e SS	15	00	37						
28. Sept.	N	i	15	02	45						
III	N	i		02	48						

Datum	Komp.	Phase	M G Z h	m	s	Periode T s	Amplitude μm A_N	A_E	A_Z	Δ km	Bemerkungen
28. Sept.	Z	e	21	07	25						
IV	Z	e		07	37						
	Z	i		07	44						
	Z	i		07	47						
	Z	i (Sg)		07	53						
	Z	i		08	13						
	Z	i		08	18						
29. Sept.	Z	i PKP_1	08	32	08					16900	(h = ca. 600 km)
	Z	i		32	14						Herdgebiet nach USCGS:
	Z	i PKP_2		32	28						Fidschi-Inseln
	Z	i		33	32						25° S, 178½° E
	Z	e		34	17						
	Z	i p PKP		34	28						
	Z	i		34	34						
	N	i SKP		34	47						
	Z	i s PKP		35	23						
	Z	e		38	42						
	Z	e		40	26						
	N	i		41	55						
30. Sept.	Z	i	09	18	47						
	E	i		18	49						
	E	i		18	56						
Oktober											
1. Okt.	Z	e	02	29	25						
I	Z	e		29	55						
1. Okt.	Z	i	10	05	03						
II	Z	i		05	04						
	N	i		05	11						
	N	i		05	14						
	N	i		05	18						
	N	i		05	20						
2. Okt.	Z	i P	12	39	23					7900	(h = ca. 60 km)
I	Z	i pP		39	42						Herdgebiet nach USCGS:
	N	e S		48	38						Venezuela

Datum	Komp.	Phase	MGZ h	MGZ m	MGZ s	Periode T s	Amplitude μm A_N	A_E	A_Z	Δ km	Bemerkungen
2. Okt.	Z	i P	21	10	24						
II	Z	i		10	32						
	Z	i		10	37						
4. Okt.	Z	i	01	20	09						
I											
4. Okt.	Z	i P	05	37	29					8000	(h = ca. 60 km) Herdgebiet nach USCGS: Venezuela 11° N, 63° W
II	Z	i PcP		37	37						
	Z	i		38	00						
	Z	i PP		40	10						
	Z	i		40	53						
	E	e S		46	51						
	N	e PS		47	13						
	E	e		47	40						
	N	e		48	05						
	N	e		52	13						
	E	e		55	20						
	E	e L	06	00	38						
		M L		08	00	19					
4. Okt.	Z	i	23	28	30						
III	Z	i		28	34						
4. Okt.	Z	i	24	07	32						
IV											
5. Okt.	Z	e P	11	41	17						Herdgebiet nach BCIS: Südost-Kreta
I	Z	i		41	22						
	Z	i		41	30						
	Z	i		41	35						
	Z	i		41	50						
	Z	i		42	02						
	E	e		44	32						
	E	e		45	19						
	E	e		49	07						
5. Okt.	Z	i	15	56	29						
II	Z	i		56	33						
5. Okt.	N	i	22	48	46						
III											

Datum	Komp.	Phase	M G Z			Periode T s	Amplitude μm			Δ km	Be-merkungen
			h	m	s		A_N	A_E	A_Z		
6. Okt.	Z	i	01	05	(12)						
	Z	e		05	16						
	Z	i		05	21						
	Z	i		05	53						
	Z	i		06	14						
7. Okt.	Z	i P	13	31	23						
	Z	i		31	34						
	Z	i		34	02						
10. Okt. I	Z	i	03	51	03						
	Z	i		51	18						
10. Okt. II	Z	i	04	05	36						
10. Okt. III	Z	i	05	56	29						
	Z	i		56	38						
10. Okt. IV	Z	i	07	50	14						
10. Okt. V	Z	i	19	03	41						
10. Okt. VI	Z	i P	19	05	43						
	Z	i		05	58						
	Z	i		07	56						
12. Okt.	Z	i	16	35	44						
	Z	i		36	10						
	Z	i		36	13						
13. Okt.	Z	i P	04	30	50					8000	Herdgebiet nach USCGS: Südost-Kamtschatka 52½° N, 160° E
	Z	i PcP		31	07						
	E	e S		40	13						
	E	e PS		40	32						
		e L	05	00	20						
		M L		03.7		15					
14. Okt.	Z	i	22	17	24						
	Z	i		17	38						

Datum	Komp.	Phase	M G Z h	m	s	Periode T s	Amplitude μm A_N	A_E	A_Z	Δ km	Bemerkungen
15. Okt.	Z	i	04	14	56						
I	Z	i		15	05						
	Z	i		15	19						
15. Okt.	Z	i	06	15	32						
II											
16. Okt.	Z	i	21	29	07						
	Z	i		29	17						
	Z	i		29	21						
	Z	i		29	24						
18. Okt.	Z	i	19	28	38						
	Z	i		28	54						
	Z	i		29	03						
19. Okt.	Z	i P	18	41	21					9300	Herdgebiet nach USCGS: Ostküste von Formosa 23½° N, 122° E
I	Z	i		44	44						
	E	e		51	29						
	E	e ScS		51	51						
	N	e PS		52	31						
		e L	19	12	20	24					
		M L		22	05	15					
19. Okt.	N	i P	21	53	35						(h = ca. 150 km)
II	N	i		53	50						Herdgebiet nach USCGS: Japan
	N	i		54	15						
	N	i		55	05						
	N	i	22	03	08						
	N	i		03	41						
20. Okt.	Z	i P	12	14	29					6500	Herdgebiet nach USCGS: Atlantik 11½° N, 42° W
	Z	i		14	40						
	Z	i		14	46						
	Z	i PcP		15	15						
	Z	i		16	48						
	Z	i PPP		18	06						
	N	e		22	48						
	N	e		27	44						
	N	e	13	03.0							
	N	e		08	40						
		M L		10.4							

Datum	Komp.	Phase	M G Z h	m	s	Periode T s	Amplitude µm A_N	A_E	A_Z	Δ km	Bemerkungen
22. Okt.	Z	i	20	56	35						
23. Okt.	Z	i	06	08	43						
	Z	i		09	32						
24. Okt. I	Z	i	02	37	11						
	N	e		42	43						
	N	e		42	58						
24. Okt. II	Z	e	09	26	15						
	Z	i		26	20						
	Z	i		26	41						
	Z	i		27	19						
	Z	e		28	26						
	Z	i		28	36						
	Z	e		29	38						
24. Okt. III	Z	i	13	30	45						
	Z	i		30	55						
25. Okt. I	Z	i	02	22	09						
25. Okt. II	Z	i	04	49	26						
25. Okt. III	Z	e P	10	15	07					8200	Herdgebiet nach USCGS: Südküste von Kamtschatka 50½° N, 156½° E
	Z	e		15	32						
	Z	e		15	51						
	Z	i PP		17	55						
	N	e S		24	39						
	N	e		26	14						
	N	e		45.5							
		e L		46.5							
		M L_1		50.5		20					
		M L_2		51.5		20					
26. Okt. I	Z	e PKP	08	44	55					16500	(h = ca. 600 km) Herdgebiet nach USCGS: Fidschi-Inseln
	Z	i PKP		45	00						
	Z	i		45	28						
	Z	i p PKP		47	15						
	E	e		52	15						

Datum	Komp.	Phase	M G Z			Periode T s	Amplitude µm			Δ km	Bemerkungen
			h	m	s		A_N	A_E	A_Z		
26. Okt.	Z	i	14	30	47						
II	Z	e		34	54						
	Z	e		35	08						
	Z	e		36	11						
27. Okt.	Z	i P	22	43	37					7800	(h = ca. 150 km)
	Z	i PcP		43	46						Herdgebiet nach USCGS: Kamtschatka
	Z	i pP		44	13						
	N	i		44	26						
	Z	i		44	32						
	Z	i		46	09						
	Z	i PP		46	16						
	Z	e		46	55						
30. Okt.	N	e	01	47	32						
I	N	e		50	02						
	E	e		50.5							
		e L		53	33						
		ML		56	05	8					
30. Okt.	Z	i P	07	34	53					2300	Herdgebiet nach BCIS: Karpathos-Inseln (Griechenland)
II	Z	i PP		35	14						
	Z	i		35	45						
	Z	i		36	15						
	N	i		36	47						
	N	e		37	14						
	N	e S		38	39						
	N	e SS		39	09						
		e L		42	41						
		ML		43	15	11					
31. Okt.	Z	i P	10	21	06					9500	Herdgebiet nach USCGS: Panama 6½° N, 83° W
I	Z	i PcP		21	11						
	Z	i		21	57						
	Z	e		22	39						
	Z	e		23	03						
	Z	i		23	36						
	Z	i		23	44						
	Z	i PP		25	01						
	E	e S		31	39						
	N	e ScS		31	53						

Datum	Komp.	Phase	M G Z h	M G Z m	M G Z s	Periode T s	Amplitude μm A_N	Amplitude μm A_E	Amplitude μm A_Z	Δ km	Bemerkungen
noch	E	e		32	58						
31. Okt.	E	e		34	47						
I	E	e		38	02						
	E	e		48	13						
		e L		49	09						
		ML		56,3		20					
31. Okt.	Z	i Pg	12	32	48						
II	E	i		32	52						
	E	i		32	55						
	N	i		32	58						
31. Okt.	Z	i	14	39	12						
III	Z	i		39	16						
	Z	i		39	19						
	Z	i		39	26						
31. Okt.	Z	i	20	18	50						
IV	Z	i		19	03						
	Z	i		21	33						
November											
2. Nov.	Z	i	01	30	(15)						
I	Z	i		30	(30)						
	Z	i		31	(32)						
2. Nov.	Z	e PKP	18	49	(55)					15300	Herdgebiet nach USCGS: Neue Hebriden
II	Z	e		50	(08)						
	Z	e		50	(20)						
	Z	e		50	(37)						
	Z	e		52	(28)						
	Z	i PP		52	(50)						
	Z	i		53	(17)						
	Z	i PKS		53	(26)						
	Z	i		54	(38)						
5. Nov.	Z	i	05	43	21						
	Z	i		43	28						
	Z	i		43	33						
6. Nov.	Z	i	13	24	51						
	Z	i		25	01						

Datum	Komp.	Phase	MGZ h	MGZ m	MGZ s	Periode T s	Amplitude μm A_N	A_E	A_Z	Δ km	Bemerkungen
7. Nov.	Z	i	13	21	44						
	Z	i		21	50						
	Z	i		22	02						
9. Nov.	Z	i	22	17	54						
I	Z	i		18	12						
9. Nov.	Z	i P	23	59	32					1700	Herdgebiet nach BCIS: Griechenland 38,4° N, 22,1° E
II	Z	i PP		59	52						
	Z	e	24	00	10						
	Z	e		01	36						
	E	e S		02	22						
	E	e SS		02	30						
	Z	i		03	04						
	Z	i		03	32						
	Z	i		04	00						
	E	i PcP		04	42						
	Z	i		04	56						
	E	i		05	09						
	Z	i		05	42						
	E	ML		05	23	7					
10. Nov.	Z	i	02	55	38						
I	Z	i		56	01						
	Z	e		56	07						
10. Nov.	Z	i	05	48	10						
II	Z	i		48	42						
	Z	i		49	04						
	Z	i		49	11						
	Z	i		49	40						
	E	e		51	48						
	E	e		53	30						
	E	e		53	44						
10. Nov.	Z	i	10	33	29						
III	Z	i		33	36						
	Z	i		33	55						
	Z	i		34	20						
	Z	i		34	30						

Datum	Komp.	Phase	MGZ h	MGZ m	MGZ s	Periode T s	Amplitude μm A_N	Amplitude μm A_E	Amplitude μm A_Z	Δ km	Bemerkungen
10. Nov.	Z	iP	19	32	31					9200	Herdgebiet nach USCGS: Japan
IV	Z	i		32	45						
	Z	i		32	54						
	Z	e PP		35	47						
	Z	e		36	09						
	Z	e		36	26						
	N	e S		43	21						
	E	e L	20	04	45						
	E	ML		07,0		15					
11. Nov.	E	i Pg	09	14	05					290	
I	E	i		14	28						
	N	i		14	31						
	N	i		14	35						
	N	i Sg		14	39						
	N	i		14	47						
11. Nov.	N	i	09	54	17						
II	N	i		54	25						
	N	i		54	29						
11. Nov.	Z	i	10	02	42						
III	N	i		02	46						
	N	i		02	51						
	N	i		02	54						
	N	i		02	58						
11. Nov.	N	i	10	31	46						
IV	N	i		31	51						
	N	i		31	53						
11. Nov.	Z	i	16	21	47						
V	N	i		21	54						
	Z	i		22	02						
	N	i		22	07						
	Z	i		22	33						
11. Nov.	Z	i	21	43	03					920	Herdgebiet nach USCGS: Mittelitalien
VI	Z	i Sn		43	25						
	Z	i		43	32						
	N	i		43	48						

Datum	Komp.	Phase	MGZ h	MGZ m	MGZ s	Periode T s	Amplitude μm A_N	A_E	A_Z	Δ km	Bemerkungen
noch	Z	i		43	53						
11. Nov.	N	i		43	56						
VI	Z	i Sg		44	11						
	N	i		44	16						
	N	i		44	20						
	N	i		44	42						
12. Nov.	N	i	09	24	15					920	Nachstoß zum vorhergehenden Beben
	Z	i Sn		24	28						
	Z	i		24	56						
	N	i		25	07						
	N	i Sg		25	10						
	N	i		25	14						
	N	i		25	31						
	N	i		25	46						
13. Nov.	Z	i PKP_1	17	42	41					18000	Herdgebiet nach USCGS: Kermadec-Inseln
	Z	i		43	07						
	Z	i		43	26						
	Z	i PKP_2		43	32						
	Z	i		43	39						
	Z	i		44	07						
	Z	i		44	22						
	Z	i		44	31						
	Z	i PP		47	00						
	Z	i		47	23						
	Z	e		47	47						Hauptphase fehlt
14. Nov.	Z	i	09	53	28						
I	Z	i		53	36						
	N	i		53	38						
	N	i		53	42						
14. Nov.	Z	i	14	23	07						
II	Z	i		23	13						
	Z	i		23	42						
	Z	i		24	07						
	Z	i		24	27						
	N	e		24	37						
	Z	i		25	06						
	N	e		25	35						
	Z	e		25	51						

Datum	Komp.	Phase	MGZ h	MGZ m	MGZ s	Periode T s	Amplitude μm A_N	Amplitude μm A_E	Amplitude μm A_Z	Δ km	Bemerkungen
15. Nov.	Z	i	16	42	23						
I	Z	i		42	55						
	Z	i		43	21						
	N	ML	17	18/19							
15. Nov.	Z	i	17	56	34						
II	Z	i		56	58						
	N	i		57	02						
	N	i		57	11						
17. Nov.	Z	i P	06	08	46					8200	(h = ca. 350 km)
	Z	i		09	23						Herdgebiet nach USCGS: Ochotskisches Meer
	Z	i		09	30						
	Z	e pP		10	09						
	N	i		10	25						
	Z	i PP		11	36						
18. Nov.	Z	i	02	36	08						
	Z	i		36	14						
	Z	i		36	20						
	Z	i		36	23						
	Z	i		36	29						
19. Nov.	Z	i	01	57	07						
I	Z	i		57	14						
	Z	i		57	20						
	Z	i		57	23						
	Z	i		57	30						
19. Nov.	Z	i	16	25	08						
II	Z	i		25	25						
20. Nov.	Z	i P	12	52	10						Herdgebiet nach USCGS: Insel Unimak (Aleuten)
I	Z	i		52	38						
	Z	i		52	55						
	Z	i		53	13						
	Z	i PP		55	04						
	E	e	13	02	06						
	N	e		02	43						
	E	e L		22	34						
		ML		28,5		18					

Datum	Komp.	Phase	MGZ			Periode T s	Amplitude μm			Δ km	Bemerkungen
			h	m	s		A_N	A_E	A_Z		
20. Nov.	Z	i	17	16	11						
II	Z	i		16	14						
	Z	i		16	16						
23. Nov.	Z	i	01	10	26						
	Z	i		10	36						
	Z	i		10	49						
	Z	i		11	09						
	Z	i		11	35						
24. Nov.	Z	i	07	00	38						
	E	i		00	41						
	E	i		00	47						
	E	i		00	49						
	E	i		00	52						
	Z	i		00	56						
	Z	i		01	12						
	Z	i		01	23						
25. Nov.	Z	i	17	44	43						
I											
25. Nov.	Z	i P	22	48	49					11000	Herdgebiet nach USCGS: Ostküste von Borneo
II	Z	i		51	45						
	ZE	ei		52	21						
	Z	i PKP		52	25						
	Z	i (PP)		52	45						
	Z	i (PP)		53	04						
	N	e		56	24						
26. Nov.	Z	i	05	23	49						
I	Z	i		23	56						
	Z	i		24	05						
	Z	i		27	25						
	Z	i		28	02						
	Z	i		28	07						
	Z	i		28	38						
	Z	i		30	20						
26. Nov.	NE	ei	11	57	17						Herdgebiet nach BCIS: Thessalien (Griechenland)
II	E	e		57	50						

Datum	Komp.	Phase	MGZ h	MGZ m	MGZ s	Periode T s	Amplitude μm A_N	Amplitude μm A_E	Amplitude μm A_Z	Δ km	Bemerkungen
noch	N	i		57	43						
26. Nov.	E	e		58	11						
II	E	e	12	13	13						
	E	e		14	35						
	E	e		15	16						
	E	i		16	02						
	E	i		16	17						
	E	i		16	45						
	E	i		17	06						
	E	ML		17	18						
	E	i		17	55						
	E	i		18	19						
27. Nov.	Z	i	22	08	39						
29. Nov.	Z	i	15	21	32						
I	Z	i		21	56						
29. Nov.	Z	i P	22	33	11						(h = ca. 200 km)
II	Z	i		33	46						Herdgebiet nach USCGS: Südl. Bolivien 21° S, 66° W
	Z	i		34	07						
	Z	i		35	23						
	Z	i		35	53						
	Z	i		36	45						
	Z	i		38	00						
	E	i		38	18						
	Z	i		39	48						
	E	i		40	12						
	Z	i		41	05						
	Z	i		43	14						
	E	i SKS		43	26						
	E	i		43	35						
	Z	i		44	43						
	E	i		45	19						
	E	i		45	45						
	Z	i		47	47						
	Z	i		49	36						
	Z	i		49	57						
	Z	i		50	03						
	E	e L		57,0							
	E	ML	23	17,5		19					

Datum	Komp.	Phase	MGZ h	MGZ m	MGZ s	Periode T s	Amplitude μm A_N	Amplitude μm A_E	Amplitude μm A_Z	Δ km	Bemerkungen
30. Nov. I	Z	i	02	10	39						
30. Nov. II	Z	i	17	48	46						
	Z	i		48	48						
	Z	i		48	55						
	Z	i		48	58						
	Z	i		49	03						
30. Nov. III	Z	i	21	49	06						
	Z	i		49	20						
30. Nov. IV	Z	i	22	06	03						
	Z	i		07	20						
	Z	i		17	22						
	N	ML		50.5		13					
Dezember											
1. Dez. I	Z	i	01	12	17						
	Z	i		12	31						
	Z	i		12	49						
1. Dez. II	Z	i	01	20	52						
	Z	i		21	31						
	Z	i		22	23						
1. Dez. III	Z	e	02	24	20						
	Z	e		24	31						
1. Dez. IV	Z	i	03	31	20						
1. Dez. V	Z	i	10	12	25						
	Z	e		12	41						
1. Dez. VI	Z	i	13	33	18						
	Z	i		33	26						
3 Dez. I	Z	i	00	05	35						
	Z	i		05	39						
	Z	i		06	17						

Datum	Komp.	Phase	M G Z			Periode T s	Amplitude μm			Δ km	Bemerkungen
			h	m	s		A_N	A_E	A_Z		
3. Dez.	Z	i	21	58	11						
II	Z	i		58	22						
	Z	i		58	35						
4. Dez.	Z	i	00	41	07						
I											
4. Dez.	Z	i P	03	47	19					6200	Herdgebiet nach USCGS: Mongolei 45¼° N, 99¼° E
II	Z	i		47	28						
	E	i		48	02						
	E	i		48	50						
	E	i PP		49	25						
	E	i		50	54						
	N	i		55	09						
	N	i S		55	24						
	N	i ScS		57	10						
	N	i		58	40						
	N	i		59	04						
		M	04	09.5		7					
4. Dez.	Z	i	13	29	52						
III	Z	i		30	44						
	Z	i		31	10						
	Z	i		31	24						
4. Dez.	Z	i	20	23	14						
IV	Z	i		23	28						
	Z	i		23	37						
	Z	i		23	55						
	Z	i		24	24						
5. Dez.	Z	i	14	09	09						
	Z	i		09	20						
	Z	i		09	34						
	Z	i		09	55						
6. Dez.	Z	i	04	01	21						
I											
6. Dez.	Z	i	04	59	36						
II	Z	i		59	44						

Datum	Komp.	Phase	MGZ h	MGZ m	MGZ s	Periode T s	Amplitude μm A_N	A_E	A_Z	Δ km	Bemerkungen
6. Dez. III	Z	i	08	48	17						
6. Dez. IV	Z	i	09	20	30						
	Z	i		20	50						
	Z	i		21	27						
7. Dez.	Z	i	13	20	59						
	Z	i		23	07						
9. Dez.	Z	i	22	17	53						
	Z	i		18	10						
10. Dez.	Z	i PKP	14	55	02					14100	Herdgebiet nach USCGS: Salomon-Inseln
	Z	i		55	32						
	Z	e PP		57	07						
	Z	e		57	17						
	Z	i		57	37						
	Z	i		57	52						
	Z	e		58	30						
	Z	i	15	00	18						
12. Dez.	Z	i	18	57	45						
13. Dez. I	Z	i P	01	44	24					9200	(h = ca. 100 km) Herdgebiet nach USCGS: Kolumbien
	Z	i		44	38						
	Z	i		44	55						
	Z	i		45	36						
	Z	i		46	50						
	Z	i PP		47	35						
13. Dez. II	Z	i P	01	51	18					3500	Herdgebiet nach BCIS: Persien 34,5° N, 47,5° E
	Z	i PP		52	17						
	Z	i PcP		54	00						
	Z	i		56	11						
	N	e S		56	32						
	N	e PcS		57	57						
	N	i		58	39						
	E	e		58	52						
	Z	i		59	41						

Datum	Komp.	Phase	MGZ h	m	s	Periode T s	Amplitude μm A_N	A_E	A_Z	Δ km	Bemerkungen
noch	Z	i	02	00	27						
13. Dez.	Z	i		03	42						
II	N	e		04	20						
	N	e		05	00						
	N	e		06	10						
	N	e		06	18						
		ML		06	38	12					
13. Dez.	Z	i	20	38	16						
III	Z	i		38	26						
16. Dez.	Z	i	04	54	43						
I	Z	i		55	23						
	Z	i		55	57						
	Z	i		56	08						
	Z	i		56	52						
	Z	e		57	42						
16. Dez.	Z	i	17	39	22						
II	Z	i		39	28						
	Z	i		39	31						
	Z	i		39	46						
	Z	i		39	59						
17. Dez.	Z	i P	05	21	39						
I	Z	i PcP		21	52					8100	Herdgebiet nach USCGS: Kamtschatka
	Z	i PP		24	27						
	Z	i		25	27						
	Z	i		27	32						
	E	e S		31	09						
	N	e PS		31	28						
	E	e		50.0							
	Z	i	06	00.0							
	E	M_1		03.4		13					
	Z	M_2		06.5		13					
17. Dez.	Z	i PKP	14	09	18						
II	Z	i PKP		09	28					15100	(h = ca. 100 km) Herdgebiet nach USCGS: Santa-Cruz-Inseln 12° S, 167° E
	Z	i		09	31						
	Z	i		09	40						
	Z	i		10	02						

Datum	Komp.	Phase	MGZ h	MGZ m	MGZ s	Periode T s	Amplitude μm A_N	Amplitude μm A_E	Amplitude μm A_Z	Δ km	Bemerkungen
noch	Z	i		10	03						
17. Dez.	Z	i		10	21						
II	Z	i PP		12	11						
	Z	i		12	43						
	Z	i		12	52						
	E	i PKS		13	04						
	E	i		13	31						
	Z	i		13	51						
	Z	i		14	00						
	Z	i		14	41						
	N	i		15	41						
	N	e SKS		16	23						
	E	i		18	36						
	E	i		19	05						
	Z	i		21	27						
	N	i		22	04						
	E	i PS		22	39						
	Z	i		25	01						
	Z	i		25	54						
	E	i		27	51						
	E	e		28	31						
	Z	e		28	52						
	N	e		53.8							
		e L		58	07						
		M_1	15	05.0		20					
		M_2		09.5		15					
19. Dez.	Z	i Pg	11	01	26					ca.300	
	Z	i		01	30						
	Z	i		01	44						
	N	i		01	47						
	N	i		01	48						
	N	i		01	51						
	N	i Sg		01	56						
	Z	i		02	03						
	Z	i		02	08						
	Z	i		02	12						
	N	i		02	27						
	Z	i		02	37						
	Z	i		02	53						

Datum	Komp.	Phase	MGZ h	MGZ m	MGZ s	Periode T s	Amplitude μm A_N	A_E	A_Z	Δ km	Bemerkungen
20. Dez.	Z	i	12	35	14						
21. Dez.	Z	i	18	04	47						
23. Dez.	Z	iP	12	41	20					4100	Herdgebiet nach USCGS: Mittelatlantik 35° N, 36½° W
	Z	i		41	39						
	Z	e		42	22						
	Z	i		43	25						
	N	e		46	44						
	E	eS		47	05						
	E	e		47	17						
		eL		51.4							
		ML		53.0		13					
25. Dez. I	Z	i	02	21	00						
25. Dez. II	Z	i	13	53	32						
	Z	i		53	51						
25. Dez. III	Z	i	16	37	30						
	Z	i		37	42						
	Z	i		37	56						
	Z	i		38	11						
26. Dez. I	Z	i	12	29	12						
	Z	i		29	51						
	Z	i		30	06						
	Z	i		32	54						
26. Dez. II	Z	e	15	05	33						
	Z	i		05	39						
27. Dez. I	Z	i	05	13	(23)						
	Z	i		13	(35)						
27. Dez. II	Z	e	07	52	31						
	Z	i		52	35						
	Z	i		52	49						
28. Dez. I	Z	i	14	17	02						
	Z	i		17	13						

Datum	Komp.	Phase	MGZ h	m	s	Periode T s	Amplitude μm A_N	A_E	A_Z	Δ km	Bemerkungen
28. Dez.	Z	i	14	50	09						
II	Z	i		50	26						
28. Dez.	Z	i	19	21	05						
III	Z	i		21	49						
30. Dez.	Z	i	14	11	20						
	Z	i		11	23						
	Z	i		11	44						
31. Dez.	Z	i P	10	27	07					2900	Herdgebiet nach USCGS: Nord-Atlantik
	Z	i		27	19						
	Z	i		27	38						
	Z	i PP		28	13						
	Z	i		28	24						
	Z	e S		31	45						
	Z	e		32	11						

Datum 1957	00 h						06 h					
	K	AN µm	T s	K	AE µm	T s	K	AN µm	T s	K	AE µm	T s
Juli												
11.	1	0,6	6,0	1	0,7	7,8	—	—	—	—	—	—
12.	2	<0,6	4,5	—	—	—	2	<0,6	4,5	—	—	—
18.	1	0,6	4,8	—	—	—	1	0,6	5,1	—	—	—
23.	—	—	—	3	0,9	9,0	—	—	—	3	0,5	6,0
Aug.												
10.	—	—	—	—	—	—	—	—	—	—	—	—
11.	1	0,6	4,5	—	—	—	1	0,6	4,5	—	—	—
12.	1	0,6	4,5	—	—	—	1	0,6	4,5	—	—	—
14.	—	—	—	—	—	—	1	0,6	4,5	—	—	—
15.	—	—	—	—	—	—	—	—	—	—	—	—
17.	3	1,4	7,5	3	1,2	6,9	—	—	—	—	—	—
21.	—	—	—	—	—	—	—	—	—	1	<0,6	4,5
22.	1	0,6	4,5	1	0,6	4,5	1	0,6	4,5	1	0,6	4,5
23.	1	0,6	5,1	1	0,5	5,1	1	0,6	5,1	1	0,5	5,1
24.	1	<0,6	5,1	—	—	—	1	0,6	5,1	—	—	—
25.	2	1,2	6,0	2	0,5	5,4	2	0,6	5,4	2	0,5	5,4
26.	2	0,6	5,1	2	0,5	5,1	2	0,6	5,1	2	0,5	5,1
Sept.												
5.	—	—	—	—	—	—	—	—	—	—	—	—
7.	—	—	—	—	—	—	—	—	—	1	0,6	6,0
8.	1	0,6	5,4	1	<0,6	6,0	1	0,6	5,4	1	<0,6	6,0
9.	1	0,6	6,0	1	0,6	6,0	1	0,6	6,0	1	0,6	6,0
10.	1	0,6	4,5	—	—	—	1	0,6	4,5	—	—	—
11.	1	0,6	5,1	1	<0,6	4,5	—	—	—	1	<0,6	4,5
12.	1	0,6	4,5	1	<0,6	4,8	1	0,6	4,8	3	1,6	6,0
13.	1	0,6	5,1	1	0,5	5,4	1	0,6	5,1	1	1,1	5,4
14.	1	1,1	5,4	1	0,6	6,0	1	0,6	5,1	1	1,1	6,0
15.	1	1,2	5,7	1	1,1	6,0	1	1,2	6,0	1	1,1	6,0
16.	—	—	—	1	0,6	4,5	1	<0,6	6,0	—	—	—
17.	1	0,6	4,5	—	—	—	—	—	—	—	—	—
19.	—	—	—	—	—	—	—	—	—	—	—	—
20.	1	<0,6	4,5	—	—	—	1	<0,6	4,5	—	—	—
21.	1	0,6	4,5	—	—	—	1	<0,6	4,5	—	—	—
22.	1	0,6	4,8	1	0,6	4,5	1	<0,6	4,8	1	<0,6	4,5
23.	1	<0,6	5,1	1	<0,6	6,3	1	<0,6	5,1	3	<0,6	4,8
24.	1	<0,6	5,1	1	<0,6	4,5	1	0,6	4,8	1	<0,6	4,5

Die Amplituden wurden nach den Aufzeichnungen

12 h						18 h						Datum 1957
K	AN µm	T s	K	AE µm	T s	K	AN µm	T s	K	AE µm	T s	
												Juli
2	<0,6	4,5	—	—	—	2	<0,6	4,5	—	—	—	11.
1	0,6	4,5	—	—	—	1	0,6	4,5	—	—	—	12.
—	—	—	—	—	—	—	—	—	—	—	—	18.
—	—	—	—	—	—	—	—	—	—	—	—	23.
												Aug.
—	—	—	3	0,5	6,0	1	0,6	4,5	—	—	—	10.
2	0,6	4,5	3	1,1	6,0	2	0,6	4,5	—	—	—	11.
1	0,6	4,5	1	<0,6	4,5	1	0,6	4,5	—	—	—	12.
—	—	—	—	—	—	1	0,6	4,5	—	—	—	14.
1	0,6	4,5	—	—	—	—	—	—	—	—	—	15.
—	—	—	—	—	—	—	—	—	—	—	—	17.
1	0,6	4,5	1	0,6	4,5	1	0,6	4,5	1	0,6	4,5	21.
1	<0,6	4,8	—	—	—	1	<0,6	4,8	—	—	—	22.
1	<0,6	4,8	1	<0,5	5,1	1	<0,6	5,1	—	—	—	23.
2	0,6	5,4	1	0,5	5,1	2	0,6	5,4	1	0,5	5,1	24.
2	1,2	6,0	2	1,6	6,0	2	1,2	6,0	2	1,1	6,0	25.
2	0,6	6,0	2	1,1	6,0	—	—	—	—	—	—	26.
												Sept.
—	—	—	3	3,0	6,9	—	—	—	—	—	—	5.
1	0,6	5,4	—	—	—	1	0,6	5,4	—	—	—	7.
1	0,6	6,3	1	<0,6	6,0	1	0,6	6,0	1	<0,6	6,0	8.
—	—	—	—	—	—	1	0,6	5,1	—	—	—	9.
—	—	—	—	—	—	1	0,6	5,1	1	<0,6	4,5	10.
1	0,6	4,5	1	<0,6	4,5	1	0,6	4,5	1	<0,6	4,5	11.
1	0,6	5,4	3	1,6	6,0	1	0,6	5,4	1	0,6	6,0	12.
1	1,2	5,1	3	1,1	6,0	1	1,2	6,0	1	0,6	4,5	13.
1	1,2	6,0	3	2,0	7,5	1	1,2	6,0	1	1,1	6,0	14.
1	0,6	5,7	3	1,6	6,0	1	0,6	5,4	—	—	—	15.
1	<0,6	5,1	—	—	—	1	<0,6	5,4	—	—	—	16.
—	—	—	—	—	—	—	—	—	—	—	—	17.
1	0,6	4,5	1	0,6	4,5	1	0,6	4,5	—	—	—	19.
—	—	—	—	—	—	—	—	—	—	—	—	20.
1	<0,6	4,5	—	—	—	1	0,6	5,4	1	0,6	4,5	21.
1	<0,6	4,5	1	<0,6	6,3	—	—	—	1	<0,6	6,3	22.
1	<0,6	5,1	3	<0,5	5,1	1	0,6	5,4	3	<0,5	5,1	23.
2	2,4	6,0	2	1,1	5,4	2	1,7	5,7	2	1,1	5,4	24.

der langperiodischen Krumbachpendel berechnet.

Datum 1957	00 h K	00 h AN µm	00 h T s	00 h K	00 h AE µm	00 h T s	06 h K	06 h AN µm	06 h T s	06 h K	06 h AE µm	06 h T s
25.	2	1,7	5,4	2	1,1	6,0	2	1,1	5,1	1	0,6	4,8
27.	—	—	—	—	—	—	—	—	—	—	—	—
28.	1	0,6	5,7	3	2,2	6,3	1	<0,6	5,7	3	0,5	5,4
29.	1	0,6	5,7	3	0,5	5,7	1	0,6	5,1	1	1,1	5,4
30.	1	<0,6	5,4	—	—	—	1	0,6	5,4	—	—	—
Okt.												
3.	1	0,6	4,5	1	0,6	4,5	1	0,6	4,5	1	0,6	4,5
4.	1	0,6	4,5	1	0,6	4,5	1	0,6	4,5	1	0,6	4,5
7.	—	—	—	—	—	—	—	—	—	—	—	—
8.	1	0,6	5,1	1	0,5	5,1	1	0,6	5,1	1	0,5	5,1
9.	2	1,4	7,5	2	1,3	7,5	2	1,4	7,5	2	1,3	7,5
10.	2	1,2	6,3	1	1,1	6,3	1	1,4	7,5	1	1,3	7,5
11.	1	0,7	6,9	1	0,6	6,9	1	0,6	6,0	1	0,5	6,0
12.	1	0,6	4,5	1	0,6	4,8	1	0,6	4,5	1	0,6	4,5
13.	—	—	—	—	—	—	1	0,6	4,5	1	0,6	4,5
14.	2	1,2	5,7	2	1,6	5,4	—	—	—	—	—	—
18.	—	—	—	—	—	—	—	—	—	—	—	—
19.	1	<0,6	5,4	3	0,5	5,7	1	1,2	6,0	3	0,5	6,0
20.	1	0,6	4,5	—	—	—	1	0,6	4,5	—	—	—
21.	1	0,6	5,1	—	—	—	1	1,2	6,0	—	—	—
22.	1	1,2	6,0	3	2,0	7,5	1	1,2	6,0	—	—	—
23.	1	0,6	5,1	1	<0,6	4,8	1	0,6	5,1	1	<0,5	5,1
24.	1	1,2	5,7	1	1,1	6,0	1	1,2	6,0	3	1,6	6,0
25.	2	3,6	7,5	1	2,0	7,5	1	2,4	6,0	2	1,1	6.6
26.	1	0,6	4,5	1	0,5	5,7	1	0,6	4,5	1	<0,6	4,5
27.	1	1,2	6,0	1	0,5	5,7	1	1,2	5,7	1	0,5	6,0
28.	2	1,8	6,6	2	1,7	6,6	2	3,0	6,3	2	2,9	6,6
29.	2	1,8	6,3	2	1,6	6,0	2	1,7	5,7	2	1,6	5,7
30.	1	1,2	5,7	1	1,1	6,0	1	1,1	5,4	1	1,1	6,0
31.	1	0,6	5,1	—	—	—	1	0,6	4,5	—	—	—
Nov.												
1.	2	3,6	7,5	2	2,6	7,5	2	2,8	7,5	2	3,5	7,8
2.	2	4,3	8,4	2	3,9	8,4	1	3,4	8,4	2	3,9	8,4
3.	—	—	—	—	—	—	—	—	—	—	—	—
4.	1	1,7	5,4	1	1,6	5,4	1	1,7	5,4	—	—	—
5.	1	1,7	5,4	1	1,6	5,4	2	2,3	5,7	1	1,1	5,4
6.	1	1,7	5,1	1	1,1	5,1	1	1,1	5,1	1	1,1	5,1

Die Amplituden wurden nach den Aufzeichnungen

12 h						18 h						Datum 1957
K	AN µm	T s	K	AE µm	T s	K	AN µm	T s	K	AE µm	T s	
1	<0,6	4,8	—	—	—	—	—	—	—	—	—	25.
—	—	—	3	1,7	6,3	1	<0,6	4,8	3	0,6	6,0	27.
1	0,6	6,0	3	1,3	7,5	1	<0,6	6,0	1	<0,6	6,0	28.
1	<0,6	4,8	1	<0,5	5,4	—	—	—	1	<0,5	5,1	29.
—	—	—	—	—	—	—	—	—	—	—	—	30.
												Okt.
1	0,6	4,5	1	0,6	4,5	1	0,6	4,5	1	0,6	4,5	3.
—	—	—	—	—	—	1	0,6	4,5	1	0,6	4,5	4.
1	0,6	5,1	1	0,5	5,1	1	0,6	5,1	1	0,5	5,1	7.
2	1,2	6,0	2	0,5	6,0	1	0,7	7,5	1	0,7	7,5	8.
2	1,4	7,5	2	1,3	7,5	2	1,4	7,5	2	1,3	7,5	9.
1	0,6	6,6	1	0,7	7,5	1	0,6	6,6	1	0,7	7,5	10.
1	0,5	6,0	1	<0,5	6,0	—	—	—	—	—	—	11.
—	—	—	—	—	—	—	—	—	—	—	—	12.
1	0,6	4,8	1	0,5	5,4	1	0,6	5,4	1	0,5	6,0	13.
—	—	—	—	—	—	—	—	—	—	—	—	14.
—	—	—	—	—	—	1	0,6	5,7	1	<0,5	5,7	18.
1	0,6	4,5	—	—	—	1	0,6	4,5	—	—	—	19.
1	<0,6	4,5	—	—	—	1	<0,6	5,1	—	—	—	20.
2	1,2	6,3	2	2,6	7,5	1	1,1	4,8	—	—	—	21.
1	<0,6	5,7	—	—	—	—	—	—	—	—	—	22.
1	0,6	5,4	1	1,1	6,0	1	0,6	5,4	1	0,5	5,1	23.
2	1,8	6,0	1	1,1	5,7	2	3,3	6,9	1	2,4	6,9	24.
1	1,2	6,0	1	0,5	6,0	1	0,6	4,5	1	0,6	4,5	25.
1	<0,6	4,5	—	—	—	1	<0,6	5,1	—	—	—	26.
2	1,2	6,0	1	<0,5	6,0	2	1,8	6,0	1	0,5	6,0	27.
2	3,1	6,6	2	2,3	6,6	2	3,1	6,6	2	2,2	6,0	28.
2	2,3	5,4	1	1,1	5,4	1	1,7	5,4	1	1,1	6,0	29.
1	1,2	6,0	—	—	—	1	<0,6	4,5	—	—	—	30.
1	1,1	5,1	2	1,1	5,4	1	1,2	6,0	1	0,5	5,7	31.
												Nov.
2	4,3	8,4	2	3,9	8,4	2	4,3	8,4	2	4,5	9,0	1.
—	—	—	—	—	—	—	—	—	—	—	—	2.
1	1,1	5,1	1	1,1	5,4	2	1,2	5,7	1	1,1	5,4	3.
2	1,8	6,0	1	1,6	5,4	1	1,7	5,1	1	1,6	5,4	4.
1	1,1	5,4	1	1,1	5,4	1	1,7	5,4	1	1,1	5,1	5.
1	1,1	5,4	1	1,1	5,1	1	0,6	5,4	1	0,5	5,4	6.

der langperiodischen Krumbachpendel berechnet.

Datum 1957	00 h						06 h					
	K	AN µm	T s	K	AE µm	T s	K	AN µm	T s	K	AE µm	T s
7.	1	0,6	5,1	1	0,6	4,5	1	0,6	5,1	1	<0,6	4,5
8.	1	0,6	6,0	1	0,5	5,1	1	0,6	6,0	1	0,5	5,4
9.	1	0,6	5,4	1	0,6	4,8	1	<0,6	4,8	1	<0,6	4,8
10.	1	0,6	5,1	1	1,1	4,5	1	0,6	5,1	1	1,1	5,4
11.	1	<0,6	4,8	1	<0,6	4,5	1	0,6	6,0	1	0,5	6,0
12.	1	0,6	5,7	1	0,5	6,0	1	1,2	5,7	1	1,1	5,1
13.	2	2,9	5,7	2	2,8	4,8	2	2,3	5,1	2	2,2	5,1
14.	—	—	—	—	—	—	—	—	—	—	—	—
15.	1	<0,6	4,5	—	—	—	—	—	—	—	—	—
16.	1	0,6	4,8	1	1,1	5,1	1	1,7	5,1	1	2,2	5,4
17.	1	<0,6	4,5	1	<0,6	4,5	—	—	—	1	<0,6	4,5
18.	1	<0,6	4,5	—	—	—	1	0,6	6,0	1	<0,6	6,3
19.	1	0,6	4,5	1	0,6	4,5	1	1,1	5,1	1	1,1	5,1
20.	1	0,6	6,0	1	0,5	6,0	1	<0,6	6,0	1	<0,5	6,0
21.	1	0,6	5,1	1	0,5	5,7	1	0,6	5,1	1	0,5	6,0
22.	1	0,6	4,8	1	<0,6	4,8	1	0,6	4,5	1	<0,6	4,5
23.	1	0,6	5,4	1	0,5	5,1	1	<0,6	4,8	1	<0,6	4,8
24.	—	—	—	—	—	—	—	—	—	—	—	—
25.	1	0,6	5,1	1	0,5	5,1	1	0,6	5,1	1	0,5	5,1
26.	1	<0,6	5,4	1	<0,5	5,4	1	0,6	5,4	1	<0,5	5,4
27.	1	1,1	5,4	1	0,5	5,1	1	0,6	5,1	3	1,1	5,4
28.	1	0,6	6,0	1	0,5	6,0	1	0,6	5,4	1	0,5	5,7
29.	1	0,6	5,4	1	0,5	5,1	1	<0,6	5,4	1	<0,5	5,1
30.	1	<0,6	5,4	3	0,5	6,0	1	<0,6	5,4	1	<0,5	5,4
Dez.												
1.	1	<0,6	5,4	—	—	—	1	<0,6	5,4	1	<0,5	5,4
2.	1	0,6	5,1	1	<0,5	5,1	1	0,6	5,1	1	0,5	5,1
3.	1	0,6	4,5	1	0,5	4,8	1	0,6	4,5	1	0,5	4,8
4.	1	0,6	6,0	—	—	—	1	1,1	5,4	—	—	—
5.	2	1,2	6,0	3	2,0	7,5	2	1,1	5,4	2	1,6	6,0
6.	1	0,6	5,4	1	0,5	6,0	1	1,1	5,1	1	0,6	6,3
7.	1	0,6	5,7	1	0,5	5,7	1	0,6	5,1	1	<0,5	5,1
8.	1	1,2	5,7	3	2,9	6,6	2	3,1	6,6	2	2,9	6,6
9.	2	3,0	6,3	3	0,6	7,2	2	1,7	5,7	3	2,2	6,0
10.	1	1,8	6,6	2	0,6	6,6	1	1,1	5,4	2	1,2	7,2
11.	2	1,2	6,0	2	1,1	6,3	2	1,2	6,0	3	1,6	6,0
12.	2	1,8	6,6	2	2,0	7,5	2	1,8	6,6	2	1,1	6,0
13.	3	2,1	7,5	2	2,1	7,8	2	1,1	5,4	3	1,1	6,0

Die Amplituden wurden nach den Aufzeichnungen

12 h						18 h						Datum 1957
K	AN μm	T s	K	AE μm	T s	K	AN μm	T s	K	AE μm	T s	
1	0,6	4,5	1	0,5	5,1	1	1,1	4,5	1	1,1	4,5	7.
1	0,6	6,0	1	0,5	5,4	1	0,6	5,4	1	0,6	4,8	8.
1	0,6	4,5	1	0,6	4,5	1	0,6	4,5	1	0,6	4,5	9.
1	0,6	5,1	1	<0,6	4,5	1	0,6	5,1	1	0,5	5,7	10.
1	1,2	6,0	2	1,8	6,9	2	1,3	6,9	2	1,8	6,9	11.
2	1,7	5,7	2	1,6	5,7	2	2,3	5,7	2	1,6	5,7	12.
1	1,7	5,4	1	1,1	5,1	—	—	—	—	—	—	13.
1	0,6	4,8	1	0,6	4,8	1	<0,6	4,5	1	1,1	4,8	14.
1	0,6	4,8	1	<0,6	4,8	1	1,1	4,8	1	0,6	4,8	15.
1	0,6	5,1	1	0,5	5,1	1	0,6	4,5	1	0,6	4,8	16.
—	—	—	—	—	—	—	—	—	—	—	—	17.
1	0,6	5,1	1	0,5	6,0	1	0,6	5,1	1	0,5	6,0	18.
1	1,2	5,7	1	1,1	5,7	1	1,2	6,0	1	1,1	6,0	19.
1	0,6	6,0	1	0,5	6,0	1	0,6	6,0	1	0,5	6,0	20.
1	0,6	5,1	3	0,5	5,4	1	0,6	5,4	1	0,5	5,1	21.
1	0,6	5,1	1	0,5	5,4	1	0,6	5,1	1	0,5	5,4	22.
1	<0,6	5,1	1	<0,5	5,1	1	<0,6	5,1	1	<0,5	5,1	23.
2	1,1	5,1	2	1,6	5,4	2	0,6	5,4	2	1,1	5,4	24.
1	0,6	4,5	1	0,6	4,5	1	0,6	4,5	1	0,5	5,4	25.
2	1,2	5,7	1	<0,5	5,4	1	0,6	5,4	1	0,5	5,4	26.
1	1,1	5,4	1	0,5	5,1	1	0,6	5,4	1	0,5	5,4	27.
1	0,6	6,0	3	1,1	6,0	1	0,6	6,0	3	1,1	6,0	28.
1	<0,6	5,7	3	0,5	6,0	1	0,6	5,4	1	<0,5	5,4	29.
1	0,6	5,1	1	<0,5	5,4	1	0,6	5,1	—	—	—	30.
												Dez.
1	0,5	4,8	1	<0,5	6,0	1	0,5	4,8	1	<0,5	6,0	1.
1	0,6	5,1	1	0,5	5,4	1	1,1	5,1	1	1,1	5,4	2.
1	0,6	4,5	—	—	—	1	0,6	6,0	—	—	—	3.
2	1,2	6,0	1	0,5	5,7	2	0,6	6,0	2	1,1	6,0	4.
1	1,2	6,0	2	1,1	6,0	1	0,6	5,7	2	1,1	5,4	5.
1	1,1	5,4	1	0,5	5,4	1	0,6	5,7	1	0,5	5,4	6.
1	0,6	5,4	1	0,6	6,6	1	1,2	6,3	1	0,5	6,0	7.
2	4,3	7,5	3	3,3	7,5	2	3,0	6,3	3	2,9	6,6	8.
1	1,8	6,0	1	1,1	6,0	3	1,2	6,0	1	1,1	6,3	9.
1	1,1	5,1	2	1,1	6,0	1	1,2	6,3	2	1,1	6,0	10.
2	1,8	6,6	2	1,1	6,6	2	1,2	6,6	2	1,1	6,0	11.
3	1,2	6,0	2	2,3	8,4	3	1,8	6,0	2	1,7	6,6	12.
1	1,1	5,4	1	0,5	4,5	1	1,1	5,4	1	0,5	5,4	13.

der langperiodischen Krumbachpendel berechnet.

Datum 1957	00 h						06 h					
	K	AN μm	T s	K	AE μm	T s	K	AN μm	T s	K	AE μm	T s
14.	1	1,2	6,0	1	0,5	5,4	1	0,6	5,1	1	0,6	4,8
15.	1	<0,6	4,8	1	<0,6	4,5	1	0,6	4,8	1	<0,5	5,1
16.	2	1,2	6,3	2	1,1	6,3	2	1,2	6,3	2	1,1	6,6
17.	2	2,1	7,5	1	1,2	6,9	—	—	—	—	—	—
18.	1	0,6	5,7	1	0,5	5,7	1	0,6	5,7	1	<0,5	5,7
19.	1	0,6	5,7	1	0,5	5,4	1	0,6	6,0	1	0,5	5,4
20.	2	1,2	6,0	2	0,5	6,0	2	1,2	6,0	2	1,1	6,0
21.	2	1,8	6,0	2	1,1	6,3	2	1,8	6,0	3	1,7	6,6
22.	2	1,2	5,7	2	0,5	5,4	2	1,2	5,7	1	0,5	5,4
23.	1	0,6	6,0	1	0,5	5,4	2	0,6	5,4	1	0,5	5,7
24.	1	0,6	5,1	1	<0,5	5,1	1	<0,6	4,5	1	<0,5	5,1
25.	1	0,6	5,4	1	0,5	5,4	1	0,6	6,0	1	0,5	5,7
26.	2	1,9	9,0	2	1,2	7,2	2	0,6	6,6	2	2,3	7,8
27.	2	1,4	7,2	2	0,2	6,9	2	0,6	5,4	1	0,5	5,4
28.	2	1,2	5,7	2	1,6	5,1	2	1,1	5,4	2	1,6	5,1
29.	2	1,8	6,0	2	1,6	5,4	2	1,8	6,0	2	1,6	5,7
30.	2	1,2	5,7	2	1,1	5,7	1	1,2	5,7	3	0,5	5,7
31.	1	<0,6	4,8	1	<0,5	5,7	1	<0,6	5,4	—	—	—

Die Amplituden wurden nach den Aufzeichnungen

21 h						18 h						Datum 1957
K	AN μm	T s	K	AE μm	T s	K	AN μm	T s	K	AE μm	T s	
1	<0,6	4,8	1	<0,6	4,8	1	<0,6	4,8	1	<0,6	4,8	14.
1	0,6	5,1	1	0,5	5,4	1	<0,6	5,1	1	<0,5	5,4	15.
2	1,2	6,3	1	1,1	6,6	2	2,1	7,5	2	1,2	6,9	16
2	1,2	6,6	1	1,2	6,9	1	1,2	6,6	1	1,1	6,3	17.
1	<0,6	6,0	1	<0,5	5,1	1	<0,6	5,4	1	<0,5	5,1	18.
1	0,6	5,4	1	0,5	5,4	2	0,6	5,4	1	0,5	5,4	19.
2	1,2	6,0	2	1,1	6,0	2	1,3	6,9	2	1,3	7,5	20.
2	2,0	6,9	2	1,1	6,0	2	1,2	6,0	2	1,1	6,0	21.
1	0,6	6,0	1	<0,5	6,0	1	0,6	6,0	1	<0,6	7,2	22.
2	0,6	5,1	1	0,5	4,5	2	0,6	5,1	1	0,5	5,1	23.
1	0,6	6,0	1	0,5	6,0	1	0,6	6,0	1	<0,5	5,7	24.
1	0,6	6,0	2	<0,5	6,0	2	0,7	7,5	2	0,7	7,5	25.
2	2,1	7,5	2	1,3	7,5	2	1,4	7,5	2	1,3	7,5	26.
2	0,6	5,7	2	1,1	6,0	2	0,6	5,7	2	0,5	5,1	27.
2	1,7	5,4	2	1,6	5,1	2	1,2	5,7	2	1,1	5,7	28.
2	1,2	5,7	2	1,1	5,7	2	1,2	5,7	2	1,1	5,7	29.
1	0,6	6,0	1	<0,5	6,0	1	0,6	6,0	—	—	—	30.
1	0,6	5,4	1	0,6	4,8	1	0,6	5,4	1	<0,6	4,8	31.

der langperiodischen Krumbachpendel berechnet.

Seismische Station Plauen

Meereshöhe: 414 m

Untergrund: Tonschiefer

Länge: $\lambda = 12°09'50''$E

Breite: $\varphi = 50°29'10''$N

Instrumente

Krumbach 4 kg NW-SE	$T_0 = 2.5$ s	$\varepsilon:1 = 5.0$	V = 1800
Krumbach 4 kg NE-SW	$T_0 = 2.5$ s	$\varepsilon:1 = 5.0$	V = 1800
Krumbach 4 kg Z	$T_s = 2.8$ s	$T_g = 1.8$ s	$V_{max} = 4000$ b.1.3 s

Datum	Komp.	Phase	MGZ h	MGZ m	MGZ s	Periode T s	Amplitude μm A_N	A_E	A_Z	Δ km	Bemerkungen
Juli											
1. Juli	ZNE	i	19	41	25						(h = ca. 100 km)
	ZNE	i		41	31						Herdgebiet nach USCGS: Grenzgebiet Indien-Burma
	Z	i		41	49						
	ZNE	e		42	00						
	ZNE	e		42	09						
	Z	e		42	39						
	ZNE	i		43	33						
	Z	i		45	27						
	NE	e S		49	50						
	NE	e		50	28						
	NE	e		52	16						
2. Juli	ZNE	i P	00	48	54					3500	Herdgebiet nach USCGS: Nord-Iran 36° N, 53° E
	ZNE	i		49	02						
	ZNE	i		49	21						
	ZNE	i		49	40						
	ZNE	i		50	04						
	Z	e		50	10						
	NE	i		54	06						
	ZNE	e S		54	18						
	ZNE	e		55	53						
	Z	e	01	00	12						
3. Juli I	ZNE	e	01	59	09						
3. Juli II	ZNWNE	i P	12	36	45						
	ZNWNE	e		36	48						
	ZNWNE	e		37	01						
	NWNE	e		37	26						
5. Juli	ZNW	e P	15	41	30					5900	Herdgebiet nach USCGS: Ost-Belgisch-Kongo
	Z	e		41	34						
	ZNW	e		41	51						
	ZNW	e		42	06						
	NW	e PP		43	26						
	Z	e		45	34						
	NW	e S		49	10						
	NW	e		50	02						

Datum	Komp.	Phase	M G Z			Periode T s	Amplitude µm			Δ km	Bemerkungen
			h	m	s		A_N	A_E	A_Z		
7. Juli I	ZNWNE	e P	06	03	52					2600	Herdgebiet nach USCGS: Türkei 39° N, 40° E
	ZNW	e		03	54						
	ZNW	e		04	05						
	NW	e		06	18						
	NWNE	e S		08	11						
7. Juli II	ZNW	e P	14	40	10					(1200)	
	ZNWNE	e		41	34						
	Z	e (S)		42	12						
7. Juli III	ZNWNE	e PKP	16	30	20						
	ZNW	e		30	27						
	NWNE	e		30	44						
	Z	e (PP)		32	18						
9. Juli	NW	e	20	40	11						
10. Juli	ZNWNE	e P	09	16	56						
	NW	e		20	18						
14. Juli I	NWNE	e	06	12	22						
	NWNE	i		12	35						
	NE	e		13	09						
14. Juli II	NWNE	e PKP	06	43	32					(17 500)	(h = ca. 150 km) Herdgebiet nach USCGS: Tonga-Inseln
	NWNE	e		43	57						
	NW	e (pPKP)		44	07						
	NWNE	e		44	39						
	NW	e		45	22						
	NWNE	e (PP)		47	31						
14. Juli III	Z	e PKP	08	30	46						
	NWNE	e		31	18						
	NE	e		32	50						
14. Juli IV	ZNWNE	e PKP	10	02	18						
	ZNE	e		02	28						
	NW	e		02	39						
	ZNWNE	e		02	48						
	ZNE	e		03	07						

Datum	Komp.	Phase	MGZ h	m	s	Periode T s	Amplitude µm A_N	A_E	A_Z	Δ km	Bemerkungen
15. Juli	NWNE	e	09	41	15						
	NE	e		41	22						
	NE	e		41	30						
17. Juli	NE	e PP	11	32	08						
I	NE	e		32	33						
	NW	e		32	43						
	NWNE	e		33	39						
	NW	e		33	45						
17. Juli	NWNE	i	13	11	20						
II	NWNE	i		11	24						
17. Juli	NWNE	e P	18	49	32						
III	NW	e		50	47						
18. Juli	NWNE	i	15	05	57						
	NWNE	i		06	17						
	NW	i		06	22						
19. Juli	NE	e P	13	14	(30)						
20. Juli	NE	e P	14	20	14						
	NW	e		20	31						
22. Juli	NE	e	06	37	43						
	NW	e		37	47						
23. Juli	NWNE	e P	00	57	13						
	NWNE	e		57	21						
	NWNE	e		57	32						
24. Juli	ZNE	e	02	16	20						
I	Z	e		17	19						
24. Juli	Z	e PKP	11	22	05						
II	Z	e		22	23						
25. Juli	ZNW	e P	07	54	25						
	ZNE	e		54	27						
	ZNW	e		54	44						
	Z	e		55	17						

Datum	Komp.	Phase	MGZ h	m	s	Periode T s	Amplitude μm A_N	A_E	A_Z	Δ km	Bemerkungen
27. Juli	Z	e (PKP)	15	05	17						
	Z	e		05	30						
28. Juli	ZNW	e P	08	53	03					10000	Herdgebiet nach USCGS: Mexiko 17° N, 99° W
	ZNW	e		53	17						
	ZNW	e		54	02						
	ZNW	e		54	17						
	ZNW	e		54	57						
	ZNW	e PP		56	46						
	Z	e		57	28						
	ZNW	e		58	00						
	ZNW	e		58	30						
	NW	e		58	47						
	ZNW	e	09	00	17						
	NW	e SKS		03	34						
	NW	e S		03	51						
	NW	e PS		05.2							
29. Juli	NWNE	e P	17	29	(18)						
	NWNE	e		32	33						
	NW	e		32	39						
	NE	e (PP)		33	24						
	NW	e		34	34						
August											
1. Aug.	ZNWNE	e P	16	30	45						
	NW	e		31	02						
3. Aug.	ZNWNE	i	13	20	50						
	ZNWNE	i		20	54						
	NWNE	i		21	02						
4. Aug.	NW	e P	14	29	20						
5. Aug. I	NW	e	04	50	08						
5. Aug. II	NW	e	22	10	27						
6. Aug.	ZNWNE	e	15	09	12						

Datum	Komp.	Phase	MGZ h	MGZ m	MGZ s	Periode T s	Amplitude µm A_N	Amplitude µm A_E	Amplitude µm A_Z	Δ km	Bemerkungen
7. Aug.	ZNWNE	e PKP	19	59	35						
	ZNW	e		59	41						
	NW	e		59	49						
	NW	e		59	58						
8. Aug. I	ZNWNE	e P	01	16	55						
	NW	e		17	03						
	NW	e		17	10						
	NW	e (PP)		17	19						
8. Aug. II	ZNWNE	e P	22	43	25						
	NW	e		43	33						
	ZNW	e		43	44						
9. Aug.	ZNWNE	e	12	53	37						
	ZNWNE	e		53	53						
	ZNWNE	e		54	10						
	ZNW	e		54	(13)						
10. Aug. I	ZNE	e P	00	13	20						
10. Aug. II	Z	e	02	39	(45)						
10. Aug. III	Z	e	04	15	30						
10. Aug. IV	ZNWNE	e	14	33	14						
	ZNWNE	i		33	17						
	ZNWNE	e		33	21						
	NW	e		33	29						
11. Aug.	Z	e	21	57	42						
	ZNW	e		57	53						
	NE	e		58	13						
	NW	e	22	00	51						
	NW	e		01	(23)						
14. Aug. I	NW	e P	02	48	49						
	NWNE	e		48	52						
	NE	e		49	27						

Datum	Komp.	Phase	MGZ h	MGZ m	MGZ s	Periode T s	Amplitude μm A_N	Amplitude μm A_E	Amplitude μm A_Z	Δ km	Bemerkungen
14. Aug.	NWNE	e PKP	18	46	23						
II	NWNE	e		46	30						
	NW	e		46	40						
	NW	e		47	09						
	NW	ep PKP		47	24						
16. Aug.	NW	e PP	23	49	31						
18. Aug.	NWNE	e P	08	50	20						
I	NWNE	e (SKS)	09	00	48						
18. Aug.	NWNE	e P	21	54	11					8300	Herdgebiet nach USCGS: Nördl. Kurilen
II	NWNE	e		54	15						
	NE	e		54	30						
	NW	e S	22	03	46						
19. Aug.	ZNWNE	e i P	21	43	57						
	ZNWNE	e		44	11						
	NW	e		44	26						
20. Aug.	ZNE	e	03	50	(18)						
I	ZNWNE	e		50	22						
	NW	e		50	24						
	ZNE	e		50	27						
20. Aug.	ZNWNE	e P	15	28	52						
II	Z	e		31	21						
20. Aug.	ZNW	e PKP	23	17	15						
III	Z	e		17	23						
	Z	e		17	33						
21. Aug.	NW	e	12	52	33						
I	NE	e		52	35						
	ZNWNE	e		52	36						
21. Aug.	ZNWNE	e P	15	45	52						
II	NW	e		46	07						
	NE	e		46	16						
	NW	e		46	25						

Datum	Komp.	Phase	MGZ h	MGZ m	MGZ s	Periode T s	Amplitude μm A_N	A_E	A_Z	Δ km	Bemerkungen
21. Aug.	ZNWNE	e P	19	43	09						
III	ZNWNE	e		43	24						
	ZNE	e		43	42						
	NW	e		43	54						
24. Aug.	ZNWNE	e i	13	24	03						
	NWNE	i		24	06						
	ZNW	i		24	08						
26. Aug.	Z	e (P)	11	42	19						
I	Z	e		42	24						
	Z	e		42	(26)						
26. Aug.	Z	e (P)	14	12	03						
II	Z	e		12	33						
27. Aug.	ZNWNE	e Pn	11	56	10					ca. 700	Herdgebiet nach BCIS: Bologna (Italien) 44,3° N, 10,9° E
	Z	e		56	30						
	ZNWNE	e Pg		56	39						
	Z	e		57	05						
	ZNWNE	e		57	30						
	ZNWNE	e Sg		57	58						
	Z	e		58	17						
28. Aug.	ZNWNE	e	14	30	36						
	NWNE	e		30	47						
	ZNWNE	e		30	54						
	NWNE	e		31	(16)						
29. Aug.	ZNE	e Pg	03	46	44					315	Herdgebiet nach BCIS: Schwäbische Alb 48°14′ N, 9,0° E
	ZNWNE	e		46	47						
	NE	e		46	55						
	ZNWNE	e Sg		47	25						
	NE	i		47	30						
30. Aug.	ZNWNE	e P	16	25	58					4800	Herdgebiet nach USCGS: Tadschikistan 39° N, 73° E
	ZNWNE	e (PP)		27	38						
	NE	e		27	50						
	NW	e PPP		27	53						
	NE	e		28	06						

Datum	Komp.	Phase	MGZ h	m	s	Periode T s	Amplitude μm A_N	A_E	A_Z	Δ km	Bemerkungen
noch	NWNE	e		28	20						
30. Aug.	ZNW	e		28	45						
	NE	e		28	51						
	NWNE	e		35	46						
31. Aug.	ZNW	e	12	00	43						
	ZNW	e		00	52						
September											
1. Sept. I	ZNWNE	e P	12	58	04						
1. Sept. II	NE	e	17	55	(54)						
	NE	e		56	03						
	NWNE	e		56	09						
1. Sept. III	NE	e (PKP)	24	17	54						
	NE	e		18	12						
2. Sept. I	NW	e	10	06	16						
	NE	e		08	31						
2. Sept. II	NWNE	e	14	29	39						
	NWNE	e		29	43						
	NWNE	i		29	46						
2. Sept. III	NWNE	e	14	32	28						
	NWNE	e		32	49						
	NWNE	e		32	58						
2. Sept. IV	NWNE	e P	21	35	22					4800	(h = ca. 200 km)
	NW	e pP		36	13						Herdgebiet nach USCGS: Hindukusch 37° N, 71° E
	NWNE	e sP		36	33						
	NWNE	e		36	56						
	NW	e		37	(06)						
	NW	e PP		37	10						
	NWNE	e		38	08						
	NW	e		38	35						
	NW	e		39	12						
6. Sept.	NW	e	20	25	56						
	NE	e		26	16						

Datum	Komp.	Phase	MGZ h	MGZ m	MGZ s	Periode T s	Amplitude μm A_N	A_E	A_Z	Δ km	Bemerkungen
noch 6. Sept.	NE	e		26	34						
	NE	e		27	29						
	NWNE	e		28	12						
	NW	e		28	34						
	NE	e		28	45						
7. Sept. I	NWNE	e P	07	00	15						
7. Sept. II	NE	e (P)	10	18	42						
	NE	e		18	50						
9. Sept.	NE	e	09	20	(53)						
	NE	e		21	24						
	NE	e		21	54						
	NE	e (PP)		23.8							
11. Sept.	NWNE	e (PKP)	23	41	46						
	NWNE	e		41	57						
12. Sept.	NW	e P	00	40	18						
	NW	e		40	31						
	NW	e		41.3							
15. Sept.	NWNE	e P	22	19	25						
	NWNE	e (PcP)		19	38						
19. Sept.	NWNE	e	13	15	36						
	NWNE	i		15	41						
20. Sept.	NE	e P	02	22	36						
21. Sept.	ZNWNE	e P	20	21	04						Herdgebiet nach BCIS: Nördl. Türkei
	ZNWNE	e		21	10						
	ZNWNE	e		21	21						
	NWNE	e		21	54						
	NWNE	e		22	56						
	NWNE	e		23	40						
	NWNE	e		26	17						
23. Sept.	NWNE	e Pg	11	21	(02)					335	Herdgebiet nach BCIS: Schwäbische Alb 48° 17′ N, 8° 53′ E
	ZNWNE	e Sg		21	39						
	NE	e		21	47						

Datum	Komp.	Phase	MGZ			Periode T s	Amplitude μm			Δ km	Bemerkungen
			h	m	s		A_N	A_E	A_Z		
24. Sept. I	ZNWNE	e i P	08	34	59					11300	Herdgebiet nach USCGS:
	NE	e		36	48						S-Küste von Mindanao
	NE	e		39	01						(Philippinen)
	Z	i PP		39	14						5½° N,
	NE	e SKS		45	36						127½° E
	NE	e S		46	45						
	Z	e		48	(08)						
	NE	e		48	12						
	NWNE	MG	09	11	30	45					
24. Sept. II	NWNE	e	09	21	29						Dem vorhergehenden Beben überlagertes
	Z	e		21	34						Nachbeben
25. Sept.	ZNWNE	e P	05	58	33						
27. Sept. I	ZNE	e	04	27	09						
27. Sept. II	ZNE	e i (P)	05	09	32						
	NE	e		09	47						
28. Sept. I	ZNE	e P	00	39	19						
28. Sept. II	NWNE	e PKP	14	38	38					16800	(h = ca. 650 km)
	NWNE	i PKP		38	44						Herdgebiet nach USCGS:
	NWNE	e		42	15						Fidschi-Inseln
	NWNE	e		52	19						20½° S, 178° W
	NWNE	e		52	38						
	NWNE	e SS	15	00	40						
28. Sept. III	NWNE	e	15	02	47						Dem vorhergehenden Beben überlagerter Nachstoß
29. Sept.	Z	e PKP	08	32	08						(h = ca. 600 km)
	ZNWNE	e i		32	16						Herdgebiet nach USCGS:
	ZNWNE	i		32	31						Südl. der
	NWNE	e		32	37						Fidschi-Inseln
	NWNE	e pPKP		34	34						

Datum	Komp.	Phase	MGZ h	MGZ m	MGZ s	Periode T s	Amplitude μm A_N	Amplitude μm A_E	Amplitude μm A_Z	Δ km	Bemerkungen
Oktober											
1. Okt.	NWNE	e	14	26	43						
	NWNE	e		26	47						
2. Okt. I	ZNE	e (P)	12	39	18						
	ZNWNE	e		39	24						
2. Okt. II	NW	e	21	10	35						
4. Okt. I	Z	e	01	20	09						
4. Okt. II	ZNWNE	e P	05	37	27					8000	(h = ca. 60 km) Herdgebiet nach USCGS: Venezuela 11° N, 63° W
	NE	e		37	33						
	Z	e		38	16						
	NWNE	e		38	31						
	Z	e		38	47						
	NE	e		39	18						
	NE	e (PPP)		41	(51)						
	NE	e S		46	48						
	NE	e (PS)		47	36						
4. Okt. III	ZNWNE	e	12	36	02						
4. Okt. IV	NE	e P	23	28	28						
	ZNE	e		28	33						
4. Okt. V	ZNWNE	e P	24	07	33						
	Z	e		08	20						
5. Okt. I	ZNW	e P	11	41	08						
	ZNWNE	e		41	16						
	Z	e		42	27						
	Z	e		45	11						
5. Okt. II	NW	e	15	56	19						
5. Okt. III	Z	e (P)	22	48	37						

Datum	Komp.	Phase	M G Z			Periode T s	Amplitude μm			Δ km	Be-merkungen
			h	m	s		A_N	A_E	A_Z		
6. Okt. I	Z	e (P)	01	05	30						
6. Okt. II	Z	e P	21	39	28						
	Z	e		39	33						
7. Okt. I	NWNE	e P	13	31	26						
	NWNE	e		31	38						
7. Okt. II	Z	e PKP	17	07	25						
	Z	e		07	32						
	Z	e		09	55						
8. Okt.	Z	e P	07	03	48						
	ZNWNE	e		03	52						
	Z	e		06	43						
	NE	e		07	41						
13. Okt.	ZNE	e P	04	30	52						
	ZNWNE	e (PcP)		31	03						
18. Okt.	NW	e P	01	54	06						
	NWNE	e (PP)		54	16						
	NE	e		57	05						
	NWNE	e		57	21						
	NW	e		58	40						
19. Okt. I	ZNWNE	e i P	18	41	19						
	NW	e		41	30						
	NW	e		41	51						
	ZNWNE	e		42	20						
	NE	e		43	33						
19. Okt. II	ZNWNE	e i P	21	53	40					8500	(h = ca. 150 km) Herdgebiet nach USCGS: NE-Küste von Hokkaido
	Z	e		54	06						
	NWNE	e		54	11						
	Z	e		54	50						
	ZNWNE	e i S	22	03	16						
	NWNE	e (SKS)		03	43						
20. Okt.	ZNWNE	e (P)	12	14	27						
	NWNE	e		15	00						
	Z	e		15	31						

Datum	Komp.	Phase	MGZ h	MGZ m	MGZ s	Periode T s	Amplitude μm A_N	Amplitude μm A_E	Amplitude μm A_Z	Δ km	Bemerkungen
24. Okt. I	ZNWNE	e (P)	02	37	03						
24. Okt. II	NE	e (PKP)	09	26	19						
	NE	e		26	50						
24. Okt. III	ZNE	e i	13	30	33						
	NWNE	i		30	36						
	ZNWNE	i		30	41						
25. Okt.	ZNE	e P	10	15	17						
	NW	e		15	32						
	ZNE	e		15	47						
	NE	e		16	18						
26. Okt.	Z	e PKP	08	44	56						
27. Okt.	NW	i P	22	43	41						
	NW	e		43	48						
	NW	e		44	17						
30. Okt. I	ZNW	e P	01	47	19						
	ZNWNE	e		47	24						
	ZNWNE	e (PP)		47	28						
	NW	e		47	57						
30. Okt. II	NWNE	e i P	07	34	40						
	NWNE	e		34	45						
	NWNE	e		35	10						
	NW	e		35	31						
	NWNE	e		38	24						
30. Okt. III	ZNWNE	e	12	53	47						
	NWNE	e		54	16						
31. Okt. I	NWNE	e P	10	20	47						
	NWNE	e		20	52						
31. Okt. II	NE	e	14	39	40						

Datum	Komp.	Phase	M G Z h	M G Z m	M G Z s	Periode T s	Amplitude μm A_N	Amplitude μm A_E	Amplitude μm A_Z	Δ km	Bemerkungen
November											
7. Nov.	NWNE	e	13	22	46						
	ZNWNE	e		22	48						
	NWNE	e		22	51						
	NW	e		22	54						
8. Nov.	NWNE	e	14	38	49						
9. Nov.	ZNWNE	e	22	18	(00)						
I	NWNE	e		18	09						
9. Nov.	NE	e (S)	24	02	20						
II	NWNE	e		02	53						
	ZNWNE	e		03	29						
	Z	e		03	37						
10. Nov.	Z	e P	10	33	33						
I	ZNE	e		33	54						
	Z	e		34	07						
10. Nov.	ZNE	e P	19	32	38						
II	Z	e		32	(55)						
	Z	e (PP)		35	53						
11. Nov.	ZNWNE	e (Sg)	16	21	14						
I	ZNW	e		21	23						
	NE	e		21	28						
	ZNE	e		21	43						
11. Nov.	ZNE	e	21	42	38						Herdgebiet nach BCIS: Ostküste von Mittelitalien
II	ZNE	e		43	07						
	NE	e		43	16						
	NE	e		43	36						
	NW	e		43	45						
	NW	e		43	57						
	NE	e		44	31						
12. Nov.	NW	e	09	22	45						
	NE	e		23	35						
	NW	e		24	14						

Datum	Komp.	Phase	MGZ			Periode T s	Amplitude μm			Δ km	Bemerkungen
			h	m	s		A_N	A_E	A_Z		
13. Nov.	Z	e PKP	17	42	39					18000	Herdgebiet nach USCGS: Gegend der Kermadec-Inseln
	Z	e		43	18						
	Z	e		43	29						
	Z	e		44	08						
	Z	e		45	13						
	Z	e PP		47	18						
	Z	e		47	49						
14. Nov.	Z	e	14	20	09						
	NE	e		20	18						
	Z	e		22	(17)						
	Z	e		22	29						
	NWNE	e		23	42						
15. Nov. I	ZNE	e P	16	42	08						
	Z	e		42	54						
15. Nov. II	NWNE	e	17	55	53						
	NE	e		56	25						
	NE	e		56	34						
16. Nov. I	Z	e P	02	00	47						
	Z	e		01	22						
	Z	e		01	37						
16. Nov. II	ZNWNE	e	12	29	28						
	Z	e		29	39						
	NW	e		29	48						
	Z	e		29	56						
17. Nov. I	NWNE	e P	06	08	49						
	NWNE	e		08	55						
17. Nov. II	ZNW	e P	20	28	53						
19. Nov.	NWNE	e i P	16	25	12						
20. Nov.	ZNWNE	e P	12	52	13					(8500)	Herdgebiet nach USCGS: Aleuten
	ZNW	e		52	40						
	Z	e		53	45						
	Z	e (PP)		55	21						
	NW	e		55	(55)						

Datum	Komp.	Phase	MGZ h	MGZ m	MGZ s	Periode T s	Amplitude μm A_N	A_E	A_Z	Δ km	Bemerkungen
23. Nov.	ZNW	e P	01	10	30						
	NE	e		10	40						
	Z	e		11	12						
25. Nov.	ZNE	e P	22	48	48						
26. Nov. I	ZNE	e P	05	23	47						
26. Nov. II	NW	e P	08	18	36						Vorbeben zum Beben am 27. Nov. 57 03h 11m
	NWNE	e (PP)		18	44						
	NE	e		19	43						
	NE	e		21	32						
	NE	e		22	36						
	NE	e		22	47						
26. Nov. III	NW	e P	11	53	16						
	NW	e		53	(31)						
	NE	e		57	16						
27. Nov.	NWNE	e P	03	11	17						Herdgebiet nach BCIS: Thessalien (Griechenland)
	NWNE	e (PP)		11	26						
	NWNE	e		11	37						
	NE	e		12	08						
	NE	e		15	26						
29. Nov.	ZNWNE	e i P	22	33	07					ca. 11000	(h = ca. 200 km) Herdgebiet nach USCGS: Südl. Bolivien 21° S, 66° W
	ZNWNE	i		33	22						
	ZNWNE	e i pP		34	05						
	NE	e		34	12						
	ZNE	i		34	22						
	NWNE	e		34	28						
	Z	i		34	58						
	NE	e		35	06						
	NE	e		37	09						
	NWNE	e (pPP)		38	(00)						
	NWNE	i SKS		43	25						
	NWNE	e (S)		43	54						
	NE	i		45	15						
30. Nov. I	ZNWNE	e (P)	02	10	34						

Datum	Komp.	Phase	MGZ h	MGZ m	MGZ s	Periode T s	Amplitude μm A_N	A_E	A_Z	Δ km	Bemerkungen
30. Nov. II	Z	e (P)	17	49	10						
		e		49	28						
30. Nov. III	Z	e (P)	21	49	10						
	Z	e		49	25						
30. Nov. IV	ZNE	e P	22	06	07						
	Z	e		06	50						
	Z	e		08	27						
Dezember											
1. Dez. I	ZNE	e P	01	12	23						
1. Dez. II	ZNWNE	e P	01	20	56						
	Z	e		21	03						
	Z	e		21	25						
1. Dez. III	Z	e (P)	02	24	28						
1. Dez. IV	ZNWNE	ei	13	33	06						
	NWNE	i		33	09						
	ZNWNE	i		33	12						
	ZNWNE	i		33	15						
	ZNWNE	i		33	18						
2. Dez.	ZNE	e P	12	52	35						
	ZNE			52	38						
3. Dez.	Z	e (P)	21	58	14						
	Z	e		58	25						
	Z	e		58	38						
4. Dez. I	Z	e P	00	41	06						
4. Dez. II	ZNWNE	e i P	03	47	21						Herdgebiet nach USCGS: Mongolei 45¼° N, 99¼° E Weitere Einsätze gehen in zu starker Bewegung unter
	ZNWNE	e		47	27						

Datum	Komp.	Phase	MGZ h	MGZ m	MGZ s	Periode T s	Amplitude μm A_N	A_E	A_Z	Δ km	Bemerkungen
4. Dez. III	ZNWNE	e P	09	18	55						
	Z	e		18	59						
4. Dez. IV	ZNE	e (P)	11	29	09						
4. Dez. V	ZNE	e P	13	29	54						
	ZNWNE	e		29	58						
	Z	e		30	14						
	Z	e		30	56						
	NWNE	e		47	35						
4. Dez. VI	ZNWNE	e	20	23	24						
	ZNW	e		23	33						
	ZNW	e		23	50						
	ZNE	e		23	55						
	NWNE	e		24	02						
4. Dez. VII	ZNWNE	e P	22	26	34						
5. Dez.	Z	e P	14	09	29						
	Z	e		09	36						
	Z	e		10	26						
6. Dez. I	ZNE	e P	04	01	28						
6. Dez. II	Z	e P	08	48	20						
	Z	e		49	32						
6. Dez. III	Z	e	09	18	(15)						
	Z	e Sg		20	40						
	Z	e		20	50						
8. Dez	Z	e (P)	12	29	(00)						
	Z	e		29	13						
9. Dez.	ZNWNE	e P	22	18	(00)						
	ZNW	e		18	11						

Datum	Komp.	Phase	MGZ h	MGZ m	MGZ s	Periode T s	Amplitude μm A_N	A_E	A_Z	Δ km	Bemerkungen
10. Dez.	Z	e PKP	14	55	(00)						**Herdgebiet nach USCGS: Salomon-Inseln**
	Z	e		55	14						
	Z	e		55	32						
	Z	e		55	51						
	Z	e (PP)		56	54						
12. Dez.	Z	e (PKP)	18	57	44						
	Z	e		58	18						
13. Dez. I	ZNWNE	e i P	01	44	22					(9200)	**(h = ca. 100 km) Herdgebiet nach USCGS: Kolumbien**
	ZNW	e i		44	36						
	Z	e (pP)		44	48						
	Z	e		46	06						
	Z	e		46	41						
	Z	e (PP)		47	42						
13. Dez. II	ZNWNE	e i P	01	51	11					3300	**Herdgebiet nach BCIS: Iran, Gegend von Kangavar 34,5° N, 47,5° E**
	ZNW	e		51	18						
	ZNWNE	e		51	27						
	NE	e		53	19						
	NWNE	e S		56	10						
	NW	e		56	29						
	Z	e		56	45						
	NWNE	e		58	47						
13. Dez. III	Z	e P	20	38	17						
16. Dez.	Z	e	17	39	32						
17. Dez. I	NE	e	05	22	03						
	NWNE	e		22	34						
	NE	e		22	49						
17. Dez. II	NWNE	e PKP	14	09	31					15000	**(h = 100 km) Herdgebiet nach USCGS: Gegend der Santa-Cruz-Inseln 12° S, 167° E**
	NE	e		10	04						
	NE	e PP		12	12						
	NW	e(SKP)		13	05						
	NW	e		13	59						
19. Dez.	NWNE	e	11	01	15						
	NWNE	e		01	32						

Datum	Komp.	Phase	MGZ h	MGZ m	MGZ s	Periode T s	Amplitude μm A_N	Amplitude μm A_E	Amplitude μm A_Z	Δ km	Bemerkungen
21. Dez.	ZNWNE	e(PKP)	18	04	48						
	Z			05	07						
23. Dez.	ZNW	e P	12	41	22						
	NE	e		41	41						
	ZNWNE	e		42	48						
	NWNE	e		46	(00)						
	NE	e		51	26						
25. Dez.	NE	e (P)	13	53	38						
I											
25. Dez.	NE	e (P)	16	37	28						
II											
26. Dez.	Z	e PKP	12	29	10						
I	ZNE	e		29	54						
	Z	e		30	07						
26. Dez.	Z	e P	15	05	(24)						
II	ZNWNE	e		05	26						
26. Dez.	Z	e	07	52	(35)						
III	NW	e		52	40						
28. Dez.	ZNWNE	e PKP	19	21	(00)						
	Z	e		21	03						
	Z	e		21	13						
31. Dez.	ZNW	e P	10	27	13						
I	ZNWNE	e		27	18						
	Z	e		27	29						
	NW	e		27	36						
	NW	e		27	44						
31. Dez.	Z	e	13	12	55						
II											
31. Dez.	ZNE	e PKP	14	48	16						Herdgebiet nach USCGS: Neuseeland
III	Z	e		48	27						
	Z	e		49	(00)						
	Z	e (PP)		52	48						

Seismische Station Sonneberg

Meereshöhe: 634 m

Untergrund: Grauwacke

Länge: $\lambda = 11° 11' 33''$ E

Breite: $\varphi = 50° 22' 41{,}4''$ N

Instrumente

Krumbach 4 kg NW—SE	$T_0 = 2.5$ s	$\varepsilon : 1 = 6.0$	$V = 1800$
Krumbach 4 kg NE—SW	$T_0 = 2.5$ s	$\varepsilon : 1 = 5.0$	$V = 1800$
Krumbach 4 kg Z	$T_s = 2.0$ s	$T_g = 1.8$ s	$V_{max} = 1900$ bei 1,2 s

Datum	Komp.	Phase	MGZ h	MGZ m	MGZ s	Periode T s	Amplitude μm A_N	A_E	A_Z	Δ km	Bemerkungen
Juli											
1. Juli	NWNE	e i P	19	41	11					7300	(h = ca. 100 km)
	NWNE	i		41	16						Herdgebiet nach USCGS: Grenzgebiet Indien-Burma 25° N, 94° E
	NE	i		41	30						
	NW	e		41	55						
	NE	i		42	03						
	NE	e		42	10						
	NE	e		42	28						
	NW	e		42	36						
	NE	e PP		43	56						
	NWNE	e i		45	22						
	NWNE	e S		49	59						
	NW	e PS		50	28						
	NE	e		50	36						
2. Juli	NWNE	i P	00	49	00					(3600)	Herdgebiet nach USCGS: Nord-Iran 36° N, 53° E
	NWNE	i		49	03						
	NE	i		49	22						
	NE	i (PP)		49	55						
	NWNE	e S		54.4							
7. Juli I	NWNE	e i P	06	04	02						Herdgebiet nach USCGS: Türkei
	NW	e		04	04						
	NWNE	e		04	35						
	NWNE	e		04	54						
	NW	e		05	50						
7. Juli II	NW	e	14	42	35						
	NW	e		43	05						
	NW	e		43	48						
7. Juli III	NWNE	e PKP	16	30	25						
	NE	e		30	29						
	NW	e		30	37						
August											
14. Aug. I	NW	e	17	26	27						
14. Aug. II	NW	e	18	46	24						

Datum	Komp.	Phase	MGZ h	MGZ m	MGZ s	Periode T s	Amplitude μm A_N	A_E	A_Z	Δ km	Bemerkungen
16. Aug.	Z	e P	23	45	(30)					10800	Herdgebiet nach USCGS: Pazifik 10½° N, 104° W
	ZNW	e PP		49	27						
	Z	e		50	45						
	Z	e PPP		51	(33)						
	Z	e		52	(50)						
	ZNW	e		53	45						
17. Aug.	Z	e	12	52	22						
	Z	e		52	45						
18. Aug.	ZNWNE	e i P	21	54	16					8300	Herdgebiet nach USCGS: Nördliche Kurilen 50° N, 157° E
	NW	e		54	38						
	Z	e		54	44						
	Z	e		55	07						
	NE	e		56	31						
	NE	e		58	31						
	NE	e		59	19						
	NE	e S	22	03	47						
	NE	e		06	29						
20. Aug. I	ZNW	e PKP	12	21	13						
20. Aug. II	ZNWNE	e P	15	28	59						(h = ca. 200 km) Herdgebiet nach USCGS: Hindukusch
	ZNW	e pP		29	48						
	NE	e		30	13						
	NE	e		30	43						
20. Aug. III	ZNW	e PKP	23	17	18						
	Z	e		17	27						
	Z	e		17	39						
21. Aug. I	ZNWNE	e (P)	15	45	56						
	NE	e		46	43						
21. Aug. II	Z	e (PKP)	17	58	16						
24. Aug. I	Z	e	01	21	50						

Datum	Komp.	Phase	MGZ h	MGZ m	MGZ s	Periode T s	Amplitude μm A_N	A_E	A_Z	Δ km	Bemerkungen
24. Aug. II	NWNE	e	13	24	23						
	ZNW	e		24	27						
	ZNWNE	e		24	31						
30. Aug.	NWNE	e P	16	26	06					4700	Herdgebiet nach USCGS: Tadschikistan 39° N, 73° E
	NE	e		26	34						
	NE	e		27	55						
	NE	e PPP		28	04						
	NE	e		28	54						
	NWNE	e		29	03						
	NW	e		29	19						
	NE	e		29	27						
Septemb.											
1. Sept. I	NWNE	e P	12	58	12						
	NE	e		59	35						
	NW	e	13	00	08						
	NWNE	e		00	23						
1. Sept. II	NE	e	17	56	11						
	NW	e		56	15						
	NW	e		56	27						
1. Sept. III	NE	e	24	18	01						
2. Sept. I	NW	e	14	30	00						
	NW	e		30	04						
	NW	e		30	06						
	NW	e		30	09						
2. Sept. II	NWNE	e i P	14	32	15						
	NE	e		33	10						
	NE	e		33	28						
	NE	e		34	18						
	NE	e		35	01						
	NE	e		35	19						
2. Sept. III	NWNE	e i P	21	35	29						(h = ca. 200 km)
	NE	e		35	52						Herdgebiet nach USCGS: Hindukusch
	NE	e pP		36	18						
	NE	e		36	40						

Datum	Komp.	Phase	MGZ h	m	s	Periode T s	Amplitude μm A_N	A_E	A_Z	Δ km	Bemerkungen
noch	NE	e		37	09						
2. Sept.	NE	e		37	26						
III	NE	e		37	44						
4. Sept.	NW	e	18	57	51						
	NE	e		58	05						
	NWNE	e		58	09						
6. Sept. I	NW	e P	06	06	45						
6. Sept.	NW	e	20	27	50						
II	NWNE	e		28	08						
	NW	e		28	36						
	NW	e		30	33						
	NE	e		30	43						
7. Sept. I	NE	e P	07	00	17						
7. Sept. II	NW	e	10	18	55						
21. Sept.	NWNE	e P	20	21	12						Herdgebiet nach BCIS: Nördl. Türkei
	NWNE	e i		21	15						
	NWNE	e		21	32						
	NE	e		21	47						
	NW	e		22	22						
Oktober											
4. Okt.	NW	e	24	07	39						
	NW	e		07	44						
5. Okt.	NW	e P	11	41	13						
	NW	e		41	21						
	NW	e		42	10						
10. Okt. I	NWNE	e P	07	50	19						
10. Okt. II	NWNE	e P	19	05	50						

Datum	Komp.	Phase	MGZ			Periode	Amplitude µm			Δ	Be-
			h	m	s	T s	A_N	A_E	A_Z	km	merkungen
12. Okt.	NW	e	16	35	42						
	NWNE	e		35	58						
	NWNE	e		36	03						
	NW	e		36	06						
13. Okt.	NWNE	e P	04	30	57						
23. Okt. I	NW	e P	06	08	50						
	NW	e		08	55						
	NW	e		09	(26)						
23. Okt. II	NWNE	e	08	06	07						
	NWNE	e		06	46						
	NW	e		07	07						
	NW	e		07	14						
	NWNE	e		07	20						
24. Okt.	NWNE	e (P)	02	37	13						
25. Okt.	NWNE	e P	10	15	16						
	NWNE	e		15	25						
26. Okt.	NWNE	e PKP	08	45	03						
	NW	e		47	27						
November											
8. Nov.	NWNE	e	14	38	17						
	NWNE	e		38	34						
	NWNE	e		38	39						
11. Nov. I	NW	e	16	21	25						
	NW	e		21	30						
11. Nov. II	NW	e	21	41	(20)						Herdgebiet nach BCIS: Ostküste von Mittelitalien
	NW	e		42	03						
	NW	e		42	34						
	NW	e		43	33						
	NW	e		43	53						
12. Nov	NE	e	09	23	(33)						
	NE	e		23	(36)						
13. Nov.	NW	e	17	42	46						
	NW	e		43	41						

Datum	Komp.	Phase	MGZ h	MGZ m	MGZ s	Periode T s	Amplitude μm A_N	Amplitude μm A_E	Amplitude μm A_Z	Δ km	Bemerkungen
17. Nov.	NW	e P	06	08	54						
	NW	e		09	03						
25. Nov.	NW	e	20	44	46						
26. Nov. I	NWNE	e PP	05	28	10						
26. Nov. II	NW	e PP	08	18	52						Vorbeben zum Beben am 27. Nov. 57 03h 11m
	NW	e		19	16						
	NW	e		21	10						
	NW	e		23	09						
	NW	e		24	26						
26. Nov. III	NW	e	11	47	52						
	NW	e		48	35						
26. Nov. IV	NW	e P	11	53	28						
	NW	e		55	40						
27. Nov. I	NWNE	e P	03	11	28					1500	Herdgebiet nach BCIS: Thessalien (Griechenland) 39,5° N, 22,8° E
	NW	e (PP)		11	41						
	NW	e		12	12						
	NE	e		12	28						
	NE	e		13	13						
	NE	e S		14	12						
	NE	e		14	30						
29. Nov. I	NWNE	e P	22	33	03					11000	(h = ca. 200 km) Herdgebiet nach USCGS: Südl. Bolivien
	NW	e		33	13						
	NWNE	e i pP		33	57						
	NW	e		34	43						
	NWNE	e		35	02						
	NE	e		36	59						
	NWNE	e i pPP		38	00						
	NWNE	e i SKS		43	18						
	NW	e		44	14						
	NE	e		45	15						
	NW	e		46	05						
29. Nov. II	NE	e	22	50	00						

Bei Fragen zur Produktsicherheit wenden Sie sich bitte an:
If you have any questions regarding product safety,
please contact:

Walter de Gruyter GmbH
Genthiner Straße 13
10785 Berlin
productsafety@degruyterbrill.com